中国博士后基金面上一等资助项目"风险社会境遇下地方政府履行生态责任的困境及其破解"（2014M560243）后期成果

地方政府生态责任研究

Difang Zhengfu Shengtai
Zeren Yanjiu

周文翠 著

人民出版社

目　　录

前　　言

　　近年频发的灾害性天气以及新冠疫情，让人们对生态风险、人类命运共同体有了真切的感受和更深的领悟。世界已经进入了生态风险的高发阶段，人类命运共同体也不仅是一种经济共同体、交往共同体，更是一种生命共同体、风险共同体。如何在这样的风险境遇下，有效应对生态风险，保护人民生命安康，保障国家生态安全，增强经济社会发展绿色转型的内生动力，就成为摆在我们面前的一项重大的现实课题。作为中央生态文明建设战略的具体执行者，地方政府不仅是中央政府与企业、社会组织、公众的联系枢纽，而且相较企业、社会组织和公众，具有更大的资源优势和动员能力。这就决定了地方政府是承担生态责任、应对风险的重要主体，是推动生态问题从伦理思考走向实践行动的关键。

　　地方政府承担生态责任，是应对生态风险与环境危机的需要。生态环境是人类生存的条件，也是社会存在发展的前提和基础。从现实情况看，能源资源相对不足、生态环境承载能力不强是我国的基本国情。改革开放以来，我国的经济建设取得了历史性成就，但发展代价过大也是不争的事实。经济快速发展取得历史性成就的同时，也积累了一些生态环境问题，成为持续发展的瓶颈。而且，在中国式现代化转型发展过程中，发展的不平衡使得在西方历时态出现的传统与现代乃至后现代的各种风险，在中国呈现为一种共时态的存在。不同风险相互影响、跨界联动，加剧了生态风险的危害程度。良好的生态环境是最普惠的民生福祉。生态环境具有公共品属性，市场机制无法有效调节人与自然的行为失调，必须借助于政府的公权力和组织资源，才能有效控制和改善。在生态风险丛生且与其他风险复杂联动的独特境遇中，地方政府如果疏于履行其生态责任，片面追求经济增长而忽略环境保护，不仅会影响一方经济社会的可持续发展，降低地方政府的公信力；而且会危害整个国家的生态安全，危及公众的身体健康与生命安全，影响社会的和谐与稳定。

地方政府承担生态责任，是回应生态问题政治化趋势的需要。生态问题的日益政治化、传统政治的绿色转向，正在成为世界政治发展的一种趋势。生态问题凸显了协调人与自然之间关系的重要性，而生态文明建设不单纯是一个技术或经济的问题，更是包含了政策主张与价值选择的政治问题。风险境遇下重新审视人与自然的关系会发现，人在自然必然性面前获得自由的程度，受制于人在社会生活中获得自由的程度。生态文明建设旨在变革人与自然不和谐的关系，这种变革的内容虽然在经济与社会领域，但这种变革得以实现的决策和过程则在政治领域。这就意味着生态问题的最终解决、生态文明建设的重要路径，都要依赖于政治思维方式的变革。"我们不能把加强生态文明建设、加强生态环境保护、提倡绿色低碳生活方式等仅仅作为经济问题。这里面有很大的政治。"① 公众对雾霾天气、饮用水安全和土壤重金属污染等生态风险反映强烈，"这既是环境问题，也是重大民生问题，发展下去也必然是重大政治问题"②。中国共产党领导下的人民政府，作为真正的整体利益型政府，必须坚持生态民生观，切实把关系民众生存发展并严重影响到其根本和长远利益的生态环境问题，当作重大政治问题和重要政治任务去对待和解决。这就要求地方政府切实贯彻落实好习近平生态文明思想，强化自身的生态责任，把生态治理作为表现其政绩的重要指标，用实际行动在改善公众的生产、生活环境中讲政治，在维护好、发展好公众生态权益中促进政治发展。

地方政府承担生态责任，是推进国家治理体系和治理能力现代化的需要。党的十八届三中全会提出要推进国家治理体系和治理能力现代化，党的十九届四中全会又进一步提出了国家治理体系和治理能力现代化"三步走"的总体目标。在国家治理现代化战略目中，政府治理是不可或缺的重要方面。因为政府是党和

---

① 《习近平关于全面深化改革论述摘编》，中央文献出版社 2014 年版，第103 页。

② 《习近平关于社会主义生态文明建设论述摘编》，中央文献出版社 2017 年版，第 86 页。

国家推动经济社会发展、管理社会事务等系列决策部署的具体执行者，所以国家治理体系和治理能力现代化首先就是政府治理体系和治理能力的现代化。而政府生态责任能力又是政府治理能力的重要方面，无论是建设富强民主文明和谐美丽的社会主义现代化强国、中国特色社会主义"五位一体"总体布局，还是"坚持和完善生态文明制度体系"的工作要求，都需要政府尤其是地方政府去具体贯彻落实相应的生态环境治理要求。当前国内乃至全球生态环境已经影响人的生命健康，影响中国经济社会的可持续发展，政府只有及时补位，建构和履行其生态责任，积极进行生态环境治理，才能改善生态环境，提高资源利用效率，促进人与自然的和谐共生，实现美丽中国的治理目标。政府生态责任是政府的政治责任、法律责任、道德责任、行政责任基础上的延伸和拓展，是与这些责任处于平等地位的新型责任。明确提出并建构地方政府的生态责任，有利于地方政府清楚地认识自身的生态职责，使其生态环境治理行为更有理有据，提升其治理能力和水平。

地方政府只有强化生态责任意识，树立尊重自然、顺应自然、保护自然的理念，把生态环境风险纳入常态化管理，更加自觉地推动绿色发展、循环发展、低碳发展，把生态文明建设融入经济建设、政治建设、文化建设、社会建设的各方面和全过程，形成节约资源、保护环境的空间格局、产业结构、生产方式、生活方式，才能有效应对生态风险，为子孙后代留下天蓝、地绿、水清的生产、生活环境，建设美丽中国，推进人与自然和谐共生的现代化。

在地方政府生态责任问题的研究上，由于发展阶段差异，发达国家更关注全球环境和政府间合作，重视环境立法，并没有明确提出政府生态责任的概念，地方政府生态责任的相关探讨也不多。国内的政府生态责任研究涉及和谐社会、全面小康、生态城镇、美丽中国建设等多方面，涌现了一批卓有见地的成果。但研究尚不够全面系统，也缺少风险境遇下地方政府生态责任的深入探讨。对地方政府与中央政府的生态责任划分、地方政府落实生态责任面临的问题与出路等，欠缺系统的分析。所以，从风险境遇的视角研究地方政府生态责任，具有一定的理论意义和现实意义：有利于破解地方政府生态责任履行的困境，转变生产、生活方式，促进地方经济的绿色低碳发展；有利于理顺生态环境保护中的各种关系，缓解由生态环境问题带来的各种矛盾纷争，预防环境群体性事件的发生，促进社会的稳定和谐；有利于促进地方政府转变职能，提升生态环境治理能力，推进国家治理体系和治理能力现代化；有利于维护国家的生态安全，推进美丽中国建设，提升中国的国家环境竞争力；有利于丰富和发展社会主义政府治理理论、责任伦理理论，推进中国特色社会主义生态文明建设。

本书立足于马克思主义生态思想、风险思想、政府与社会发展的基本理论，以习近平生态文明思想为根本遵循，采用历史研究、比较研究、制度分析、案例分析等方法，研究了风险社会及政府生态责任的基本理论，厘清了风险与责任的关系，阐明了地方政府生态责任的概念、内容与影响因素及其实践机理，并探讨了风险境遇下地方政府履行生态责任面临的困境及其原因。在此基础上，分析了地方政府生态责任实践的关键与原则，建构了风险境遇下地方政府生态责任实现的内外控机制。全书除前言和结语部分外，共由六章构成：

第一章"风险境遇与责任伦理"，在梳理风险基本理论的基础上，考察了责任伦理在风险境遇下具有的特殊价值。

第二章"政府生态责任的生成与拓展"，在描述和概括当前中国社会发展面临风险的特点与类型的基础上，从理论与现实两个维度，研究了政府生态责任的生成与拓展。

第三章分析"地方政府生态责任的影响因素与实践机理"，侧重从实然层面的静态内容结构和动态实现过程两个维度，研究政府生态责任的构成与实践机理。

第四章考察"地方政府生态责任的实践及经验"，从实践维度，考察了国内一些地方生态治理的主要做法，并以河湖长制和秦岭生态整治为例，分析了地方政府的生态责任实践经验，为破解地方政府生态责任履行困境提供镜鉴。

第五章分析"地方政府履行生态责任的关键与原则"，侧重从应然层面，研究地方政府生态责任实践中的关键问题与应遵循的基本原则。

　　第六章论述"地方政府生态责任实现的内外控机制"，在前述研究的基础上，从责任主体的内生动力与外在约束两个方面，探索建构了地方政府生态责任实现的控制机制。

第一章　风险境遇与责任伦理

风险是当代社会发展的基本语境之一，区别于传统风险，现代风险具有突出的人为建构性、高度的不确定性和全球化的脱域性特征。西方学界对风险社会理论的界说主要有实在论、认识论、建构论三种解释，但都没能揭示风险的真正根源，只有马克思主义蕴含的风险思想才从本质上揭示了现代风险的根源。中国化马克思主义风险观统合了中国传统忧患意识与马克思、恩格斯的风险思想，为正确应对和科学治理生态环境风险奠定了理论基础。责任伦理强调权利与责任的平衡，中外责任观变迁历史沉淀出的自主自决性、整体共生性、未来指向性等责任特质，对降低与化解生态环境等风险，保障社会持续发展具有突出价值。

第一节　风险与"风险社会"

20 世纪 80 年代，德国著名社会学家乌尔里希·贝克

（Ulrich Beck）教授在观察分析当时的社会发展现状，和对简单现代性进行深刻反思的基础上，提出了风险社会理论。风险社会理论对科技工具理性和消费主义进行了深刻的批判，对当下的时代特点进行了形象地描绘和系统地分析，成为解析当代社会发展的又一语境和背景。与传统的风险相区别，风险社会理论中的风险主要指的是现代风险，其突出特征是具有建构性、复杂性、脱域性、非均衡性和双重性。风险社会理论的最大局限在于没能从资本的逻辑来说明现代风险的根源。

一、风险及其现代性特征

从词源学的角度看，风险源于危险，最早来自于西班牙的航海术语。在 16、17 世纪从事海上贸易的探险家眼里，"风险"指航海中可能发生的危险，体现为自然灾害或者航海遇到礁石、风暴等客观的危险。"风险"一词的现代用法是由保险理论和该词的法律定义所界定的，作为保险业或法律术语，"风险"意为遇到破坏或损失的可能性或概率，具体的计算公式为：风险（R）= 伤害的程度（H）×发生的可能性（P）。这种成本—收益的逻辑模式表明，此时的风险还是一个经济领域的概念。随着社会的发展，风险这个概念已经不再单独指技术，它从经济领域过渡到社会理论层面，逐渐与人为的行为和决策的后果紧密相关，用来指代各种各样的不确定的情况，成为影响个人和群体的事件的特殊解释方式。由此可知，风险概念的诞生是随着人们对风险的感知而产生的，而随着现代社会的崛起，风险概念普遍化了。风险这一词语的产生及其发展是现代性演进过程的一个体现，是让我们对传统社会与现代社会的进行对比得出差异结论的重要例证。

作为最早探讨风险问题的社会学家之一，德国的乌尔里希·贝克教授在其《风险社会》一书中首次使用了"风险社会"（risk society）一词，突破了学界从技术经济学理解"风险"的单一视角，确立了作为一个社会理论的"风险"概念。在其后来的一系列文章和著作中，贝克对风险以及风险社会又进行了较为详尽的阐释。他认为"风险"是一个现代的概念，"风险可以被界定为系统地处理现代化自身引致的危险和不安全感的方式。风险，与早期的危险相对，是与现代化的威胁力量以及现代化引致的怀疑的全球化相关的一些后果"①。风险是一种处理问题的现代方式，它针对的问题就是预测和控制人类行为的未来后果。从一定意义上说，风险是人们有意识地控制和改变自身行为的潜在意识。没有风险这个概念时，人们没有风险防范意识，就会遭受不同程度的损失。而有了风险意识后，虽然人们仍不能逃避这种现代风险，但可以在社会中有预见性地发现风险，并在风险来临时主动采取合适的应对措施，从而把损失降到最低。"风险是个指明自然终结和传统终结的概念，或者换句话说：在自然和传

① ［德］乌尔里希·贝克：《风险社会》，何博闻译，译林出版社 2004 年版，第 19 页。

统失去它们的无限效力并依赖于人的决定的地方,才谈得上风险。风险概念表明人们创造了一种文明,以便使自己的决定将会造成的不可预见的后果具备可预见性,从而控制不可控制的事情,通过有意采取的预防性行动以及相应的制度化的措施战胜种种(发展带来的)副作用。"① 这也就是说,现代风险基本上与自然和传统无关,而主要是由人们的决定导致的,某种意义上说也是人类文明和进步的一种象征。贝克的风险概念不以自然科学技术的数据标准来评定风险度,揭示了风险的现代性本质和人类社会的发展态势,具有敏锐的洞察力和极强的现实性。安东尼·吉登斯(Anthony Giddens)也认为风险是一个与现代性相关联的概念,传统文化中并没有风险。"风险指的是与将来可能性关系中被评价的危险程度",它"暗示着一个企图主动与它的过去亦即现代工业文明的主要特征进行决裂的社会"②。吉登斯认为,风险概念的产生及其发展体现了现代性的演进过程,表明了传统社会与现代社会的根本差异。另一位社会学家尼克拉斯·卢曼(Niklas Luhmann)认为,"大多数影响着人类活动的突发性事件都是人为造成的,而不是由上帝或大自然所造成的"③。强调风

---

① 〔德〕乌尔里希·贝克等:《自由与资本主义》,路国林译,浙江人民出版社 2001 年版,第 119 页。

② 〔英〕安东尼·吉登斯:《失控的世界》,周红云译,江西人民出版社 2001年版,第 18—19 页。

③ N. Luhmann, *Risk: A Sociological Theory*, Berlin: de Gruyter, 1993, pp. 62-65.

险是伴随 20 世纪晚期全新问题的出现而产生的。玛丽·道格拉斯（Mary Douglas）和斯科特·拉什（Scott Lash）认为风险是一个群体对危险的认知，它是社会结构本身具有的功能，用以辨别群体所处环境的危险性。而由于环境的差异，每一种社会生活形态都有自身特有的风险列表。① 风险离不开人们特定的文化背景和人们的风险意识。

从现实性与可能性的角度看，所有的风险概念基本上都涉及了这对揭示事物的过去、现在和未来关系的一对范畴。说明风险这一概念一方面是以已经产生的有内在根据的、合乎必然性的客观存在为基础，强调现实中的有损害状态的后果；另一方面，风险又是以源于现实性的事物发展过程中所包含和预示的发展趋势为根据，强调其作为自然事件或人类活动结果而发生的可能性。所以风险的概念应该包括三个因素：有害后果、发生的概率和现实状态。现代风险指的就是主体在未来遇到伤害的可能性以及对这种可能性的判断和认知。② 因此，从本质上看，风险就是不确定性，是人类社会内生的，是人们现代化实践活动的客观结果之一。可见，现代风险与传统风险截然不同，传统风险仅仅是一种因无力抵御自然侵袭而产生的危险（risk）。现代风险较之于传统危险，更多地强调认知判断与社会评价行为。从而使个体感

① 转引自［英］斯科特·拉什著，王武龙编译：《风险社会与风险文化》，《马克思主义与现实》2002 年第 4 期。

② 杨雪冬：《风险社会与秩序重建》，社会科学文献出版社 2006 年版，第 16 页。

观、家庭生活、社会角色、民族认同乃至民主政治，都可能被"风险化"，进而让风险生存成为现代社会一切个体的基本存在方式。以承担主体为标准，风险可分为个人风险、组织风险、国家风险和全球风险。按分布的领域不同，风险又可分为自然风险、经济风险、政治风险、社会风险、技术风险等。领域的不同，决定了风险的表现形式、自身特点和处置方式各有差异。

要准确把握风险概念，还要明确风险、危险、危机之间的区别与联系。在英语的表达方式中，风险（risk）与危险（danger）有很大区别，前者主要针对人类社会，而后者则主要针对自然界；前者可以预先采取措施加以规避（如采取二孩政策预防老龄化社会的风险等），而后者则只能消极躲避（如在火山喷发等自然灾害发生时逃离发生地）；前者往往专指人类本身遇到的危险的可能性，而后者则指所有的生物都要遭遇的生存危险。风险主要是侧重于在对危险、危机的一种客观感性认知的基础上，通过科学分析和理性判断，从而对危险或危机的可能性进行的预判预警，其中包含了感性认识、知性认识和理性反思，其后果也因主体的认知水平与思维方式变化而变化。危险更多的是强调由于自然界、传统习俗等固有力量所造成的客观效应，无论人们认识与否，它都是一种客观存在。从时空维度上看，风险指向未来，指可能发生的一种不确定性，是一种"虚拟的现实"①；危险主

① Ulrich Beck, *Risk Society*, London：Polity Press, 1999, p. 136.

要指现在正在发生的某种危害；危机则主要指发生在过去，现在已处于其中不能自拔的状况。

有别于传统危险，现代风险与现代化过程相伴生，从其产生、演化、影响来看，具有突出的建构性、复杂性、脱域性、非均衡性和双重性特征。

首先，现代风险具有内生性和主观建构性。区别于传统的外部风险，现代风险是现代化和科学技术不受控制地发展带来的，是社会系统内部运动的客观结果之一。作为一种"被制造出来的风险"，不同于工业化时期以前人类所遭遇的各种自然灾害，现代风险"取决于决策"①。现代化和科学技术发展得越快、越成功，风险就越多、越明显。随着人类活动范围和能力的扩展，人类的决策和行动对自然和人类社会本身的影响越来越大，相应的风险也越来越大。现代国家建立了各种制度为人类的安全提供保护，但制度自身也带来了运转失灵的风险，即产生所谓"制度化风险"，影响无数人生活机会的制度化风险——投资市场的发展就是突出的例证。生态危机、全球经济危机以及跨国恐怖主义等风险的发生，也取决于政治决策、官僚机构以及大众传媒的传播等。在这个意义上说，风险是伴随着人的理性决策与行为内生的，是各种社会制度，尤其是工业制度、法律制度、市场经济制度等共同的作用结果。特别是进入新世纪以来，被西方左翼学

---

① ［德］乌尔里希·贝克：《风险社会》，第225页。

者称之为"灾难资本主义"的制度后果，即世界范围内金融危机、流行疾病、武装冲突等，就是垄断资本操纵、制造并从中获利的风险灾难。

从文化的角度看，现代风险还体现为一种主观感受，一定意义上说是人主观建构的产物。玛丽·道格拉斯认为在当代社会的风险实际上没有增多，也没有加剧，仅仅是被察觉和意识到的风险增多和加剧了。① 传统社会中的危险主要是由自然界、传统习俗等固有力量所造成的客观结果，无论人们认识与否，它都是客观存在的。而较之于外在于人的传统危险，现代风险更强调主观的认知判断与社会评价，即对于未来发展趋向的社会认知与判断，其结论因主体认知水平与思维方式的差异而不同。任何事情本身都不是风险，但任何事情都可能成为风险，成为与否取决于人对风险的主观认知。进一步，人运用知识和经验做出风险决定，确定风险的可接受水平和容忍度，而这本身又在生产建构着新的风险。现代"风险并不是一个实体，而是一种思考方式和高度人为色彩的发明"②。风险生于人们的主观认知与相应的行动之中，"是由我们不断发展的知识对这个世界的影响所产生的风险，是指我们没有多少历史经验的情况下所产生的风险"③。

---

① Douglas M. & Wildavsky A., *Risk and Culture：an Essay on the selection of Environmental and Technological Dangers*, Berkeley：University of California Press, 1982, p. 35.

② Douglas M., *Risk and Blame*, London and New York：Rout ledge, 1996, p. 46.

③ ［英］安东尼·吉登斯：《失控的世界》，第22页。

其次，现代风险具有复杂性、潜在性和难以计算性。现代风险来自于人类对社会条件和自然的干预，现代性在满足人类部分需要的同时，也带来了一些人类所知甚少或全然不知的新风险。与传统社会主要来自于自然的风险不同，现代风险往往无法直接感知，需要科学方法测定才能发现。如难以降解的 DDT 的长期富集，电池中所含有的重金属污染的危害，转基因食品的风险等。现代风险的发生以及后果往往超出了我们的预测和控制能力，"正是无法预见的东西创造了曾经未知的情境"①。现代风险的后果也更加隐蔽和危险，"无法用旧的方法来解决这些问题，同时它们也不符合启蒙运动开列的知识越多，控制越强的药方"②。覆盖各个领域、高度发达的既有制度在风险来临时也难以有效应对，无法承担起事前预防和事后解决的责任，甚至发生"有组织地不负责任"行为。现代风险对人类和物种的后代造成的影响和伤害常常是系统的、不可逆的，一旦转化为实际的灾难，它的涉及面和影响程度都将大大高于传统社会的灾难。在吉登斯看来，现代性的四个制度支柱都可能带来这种"后果严重的风险"，世界民族国家体系会带来极权主义；世界资本主义经济会产生经济崩溃；国际劳动分工体系带来了生态恶化；世界军事秩序会诱发核战争。这些"后果严重的风险"甚至会危及人

---

① 〔德〕乌尔里希·贝克：《世界风险社会》，吴英姿、孙淑敏译，南京大学出版社 2004 年版，第 114 页。

② 〔英〕安东尼·吉登斯：《失控的世界》，第 155 页。

类整体的存续。

现代社会的结构、劳动对象、社会关系、人的存在方式较之工业社会都更为复杂，由于不确定因素太多，一般的科学计算方法对于现代风险评估无能为力。风险已经"侵蚀并且破坏了当前由深谋远虑的国家建立起来的风险计算的安全系统"[1]。尽管人类已经发展了一系列计算方法和测量工具，来估算风险造成的损害及其相应的补偿，但这只是相对的，经济补偿无法完全抵消风险带来的伤害，也不能从根本上消除风险并阻止风险的发展。现代风险后果的复杂多样，使得风险计算使用的程序、标准等无法把握，超出了现代社会的控制能力。风险造成的灾难也不再局限在发生地，而经常产生无法弥补的全球性破坏，从而使风险计算中的经济赔偿无法实现。随着风险规模和影响的扩大，其不可计算性更加突出。"风险的计算从来便不能够达到完全彻底，因为甚至是在相对限定的风险环境下，也总会有未曾想到的和未曾预见到的结果。"[2]诸如日本核泄漏、公共卫生危机等新型风险不断增加的复杂性，既带来了对更为复杂且更为精确的计算的需求，同时也导致了这种计算的不可能。

第三，现代风险的影响具有脱域性和全覆盖性。全球化使现代风险在空间上表现出一种脱域的特征，超越了地理和社会文化

---

[1] ［英］芭芭拉·亚当、乌尔里希·贝克、约斯特·房·龙：《风险社会及其超越：社会理论的关键议题》，赵延东等译，北京出版社2005年版，第10页。

[2] ［英］安东尼·吉登斯：《现代性与自我认同》，赵旭东等译，生活·读书·新知三联书店1998年版，第134页。

边界的限制，以一种整体的方式影响着世界上每一个人，没有哪个群体或个人可以幸免于外。如大家所熟知的"切尔诺贝利"核电站泄漏事故、"疯牛病"和亚洲金融危机等，尽管它们开始时都是发生在一个国家内部，但其灾难性影响却很快扩散到了周边国家，最后酿成了世界性的灾难。随着全球化以及互联网时代的发展，"蝴蝶效应"使得遥远地域发生的事件和行动越来越大地影响着我们的生活。社会流动性的增加让现代风险具有突出的脱域性特征，超越了传统社会的血缘共同体、地缘共同体的边界区隔，使现代风险分配表现出一种理论上的"平等"性。正像贝克所说的那样："贫困是分等级的，烟雾是讲民主的"，"风险在其范围内以及它所影响的那些人中间，表现为平等的影响"①，最终可能使施害者也变为受害者。如果说在传统现代性社会中，社会不平等主要表现为一种收入和财富的不平等的话，那么在"风险社会"中，现代风险——特别是生态环境风险、核技术风险、化学污染风险等——对社会成员的影响将是"平均化分布"的，一旦空气或水受到大面积污染，每一个社会成员都会不可避免地受到波及。现代风险后果扩散的这种"飞去来器效应"（boomerang effect），使得人们再也无法做到"各人自扫门前雪，不管他人瓦上霜"了。因为现代风险可以穿越任何界限，就连制造风险并从中渔利的人，最终也会受到风险的回击。拿环境风

---

① ［德］乌尔里希·贝克：《风险社会》，第38页。

险来说，它可以通过空气、风、水和食物链而变得普遍化，从而将影响回馈到那些富裕的国家。

作为简单现代化的后果，现代风险不仅仅是工业和技术的问题，还涉及政治、经济、社会等各个方面，从个体感观、家庭生活、社会角色、民族认同到民主政治，无不被"风险化"了，风险生存成为一切个体的存在方式。现代风险的表现形式多种多样，如生态风险、经济风险、社会风险、政治风险……，文化的、社会的、人生的各类的风险叠加在一起，几乎影响到人类社会生活的各个方面。广泛存在的风险，成为现代社会的基本特征，成为发达现代性社会的内在品性。这种影响甚至超出了时空的限制，传递给下一代。从现实人类社会的发展看，自 20 世纪中后期以来，全球变暖、恐怖袭击、金融危机、病毒流行等风险议题愈益频繁地进入人们的日常生活，难以预测的突发事件日益增多，未来状况的不确定性成为社会生活的常态。技术风险、生态风险、经济风险、政治风险、文化风险、社会风险等正威胁着人类的生存和发展，关注风险、应对风险已成为当今社会发展无法回避的现实问题。现代风险已经在很大程度上改变了社会的运行逻辑，从而使传统的现代化社会变成了一个新的"风险社会"。

第四，现代风险的影响还具有非均衡分布的特点。尽管现代风险的影响是网络型的、平面扩展的，不放过任何人，但对现代风险的规避则是等级式的、垂直的，有着巨大阶层差距的。"风险的全球性并不意味着风险在全球是平均分布的。恰恰相反，环境风险的第一定律是：污染与贫困形影相随"①。从民族国家层面来说，尽管风险的最终影响具有平等性，是无视国界的，是任何单一国家所不能防范和消除的。但就目前来看，风险后果的分配则是非均等化的，由于风险规避能力的差别，贫穷吸附了大量的风险，而财富则可以购买安全和避开风险。发达国家和地区将风险系统地向发展中国家和地区转移，而处在发展中的人们又难以抗拒这种"危险的诱惑"，因为在极端贫困和极端风险之间存在着系统的吸引力。

从个体层面来说，尽管风险是处于特定社会中的个体无法逃避的命运，风险不论对谁都有威胁，似乎从这方面来看风险已经消除了社会阶层差别。但实际情况恰恰相反，在追求个体自主性的现代社会，不平等依然存在，只是以"个体化形式被重新界定了"②，风险成为个人选择的后果，而这种选择又是由其自身阶层所限定的。如果说在工业社会中，财富生产的逻辑统治着风险生产的逻辑；那么在风险社会中这种关系就颠倒了过来，风险生产和分配的逻辑代替了财富生产和分配的逻辑成为社会分层和政治分化的标志。"财富在上层聚集，风险在下层聚集"，风险不是消除了社会阶层差别而是固化了这种差别。比如富裕的、有权力的人可以通过选择居住地来规避相当大的风险，而底层人民只能在巨大的风险中生活，他们的工作是在直接接触风险中完成的。

---

① ［德］乌尔里希·贝克：《世界风险社会》，第6—7页。
② ［德］乌尔里希·贝克：《风险社会》，第123页。

第五，现代风险具有双重性特征，是积极结果与消极结果的结合。风险既可理解为危险和不确定性，也可理解为机会、机遇；既可以引发消极的后果和危害，又具有积极的建设作用。由于有了科技力量的加持，人类活动已经渗透于物质世界的各个方面，也带来了社会风险、生态风险、经济危机、网络安全、恐怖主义、战争威胁等种种危险局面。但"风险不只是某种需要进行避免、或者最大限度地减少的负面现象；它同时也是从传统和自然中脱离出来的、一个社会中充满动力的规则。"① 风险也意味着机遇，"对于某些风险，我们希望尽可能将其降至最低程度；而另外的一些风险，例如那些涉及到投资决定的风险，是成功的市场经济中一个积极的和不可或缺的部分。"② 风险还有政治反思性，能推动制度变革。"在风险社会中，未知的和意外的后果成为历史和社会的主导性力量。"③ 如气候变暖对整个人类的生存威胁，会倒逼全球各国联合采取应对举措，从而为新的国际秩序的建立提供了可能。"从某种意义上来说，风险社会同时也是一个高度创新的社会，与以往的社会相比，风险社会不仅是一个自由发展程度更高的社会，也是一个发展更快的社会。"④

---

① ［英］安东尼·吉登斯：《第三条道路》，郑戈译，北京大学出版社 2000 年版，第 66 页。

② ［英］安东尼·吉登斯：《第三条道路》，第 67 页。

③ Ulrich Beck, *Risk Society*: *Towards a New Modernity*, London: Sage Publications, 1992, p. 22.

④ 庄友刚：《从马克思主义视野对风险社会的二重审视》，《探索》2004 年第 3 期。

"风险一方面将我们的注意力引向了我们所面对的各种风险——其中最大的风险是由我们自己创造出来的。另一方面,又使我们的注意力转向这些风险所伴生的各种机会。风险不只是某种需要进行避免或者最大限度地减少的负面现象,它同时也是从传统和自然中脱离出来的、一个社会充满活力的规则。"①

风险不仅具有空间维度,而且具有时间维度,是一个表示将来时态的词,昭示着一种可能性,已经兑现的破坏或伤害不是风险。如果应对得当,化险为夷并不是没有可能。风险既是我们面临的困境,也是我们生活的动力,能否实现二者的平衡,关键在于我们自己。而风险究竟朝消极性与积极性哪个方向转化,既取决于环境的压力状况,也取决于人和组织的能力状况,后者更具决定性的意义。每个人的任何一种选择都会产生风险,并且选择的数量不断增加,包括对自己的身体和后代(比如美容、试管婴儿等技术的利用)都可以选择;另一方面每个人所遇到的风险又因自己的选择差别而不同。风险的个人化也意味着风险意识和风险认识水平的提高,而个人风险意识的提高,则意味着其在风险面前会更加主动地采取自我保护措施,并积极参与改革现有的制度。

---

① 刘小枫:《现代性社会绪论——现代性与现代中国》,上海三联书店 1998 年版,第 47 页。

二、风险社会理论及其局限性

作为一种理论，风险社会思想是在 20 世纪中后期逐渐形成并发展的。随着现代化进程的推进，"生产力的指数式增长，使危险和潜在威胁的释放达到一个我们前所未有的程度。"① 前工业社会的传统危险依然对人们的生产、生活和社会安全构成威胁，比如各种自然灾害；工业社会中的核安全、工伤、失业、生态环境问题等风险不断涌现和加剧；同时，后工业社会中的国际金融危机、网络安全、恐怖主义、公共卫生危机等开始对人们的安全造成更多的威胁。一句话，风险已成为社会生活的一个重要组成部分，当今的世界已经成为一个"除了冒险别无选择的社会"②。面对西方社会进入"后工业社会"后所面临的危机和风险状况，西方学者率先提出了风险社会理论，对简单现代性（或称第一现代性、早期现代性）进行了深刻反思。纵观西方的风险社会理论，主要存在以劳（C. Lau）的"新风险"理论③为代表的实在论，以卢曼、拉什和道格拉斯的风险文化为代表的认识论，以贝克和吉登斯的人造风险为代表的建构论理解。

20 世纪 80 年代以来，随着全球化的持续推进、科学技术的

---

① ［德］乌尔里希·贝克：《风险社会》，第 15 页。

② N. Luhmann, *Risk：A Sociological Theory*, Berlin：de Gruyter, 1993, p. 218.

③ C. Lau, "*Neue risiken and gesellschaftliche konflike*", In U. Beck ed. *Politik in der Risikogesellschaft*. Rankfurt/M.：Suhrkamp, 1991, pp. 248-265.

迅猛发展，人类社会发生了广泛而深刻的变化，但也出现了一系列前所未有的、令世人惶恐不安的风险景象。1986年，贝克教授出版了他的《风险社会》一书，书中从反思和批判的视角率先提出了"风险社会"的概念，认为"风险社会"是当今阶段人类社会发展的重要特征。也有其他的学者用"后现代社会""信息社会"或"网络社会"等词汇描述和说明这种社会发展阶段的特点。1988年，贝克又出版了《风险时代的生态政治》一书，并在书中提出了风险事实发生、风险责任却难以追究的"有组织的不负责任"的概念，用以说明风险社会时代风险的复杂性。后来，他分别在1999年出版了《世界风险社会》一书，在2000年发表了《风险社会理论的修正》，在2001年《"911"事件后的全球风险社会》等著作和一系列文章中，系统地阐述了风险社会理论。这一理论对我们所处的时代特征，进行了十分形象的描绘和系统的分析，风险社会由此成为当代社会发展的基本语境之一。贝克认为风险社会有四个关键问题，一是"有组织的不负责任"问题，二是头痛医头脚痛医脚的治理方式问题，三是科学神话与专家神话的问题，四是发展中国家过度追求极速增长问题。这对当前的风险治理具有很大的启发意义，即可以从整体性、前瞻性入手，统筹考虑经济社会的发展和相关制度政策的制定，培养反思意识、忧患意识，从时间和空间维度的综合，探索风险的应对举措。随着风险的日益凸显，越来越多的西方学者关注并投身于风险社会理论的研究，推动了风险社会理论的发展。在这些学者中，具有代表性的是安东尼·吉登斯、斯科特·拉什、玛丽·道格拉斯和尼克拉斯·卢曼等人，他们从不同的学科和视角对全球化和现代性进行了诊断和反思，进一步丰富了风险社会理论。

1990年，吉登斯的《现代性的后果》一书出版，这是其风险社会理论的重要代表作。该书考察了受世人推崇的现代性所带来的各种不利后果，重点研究了极权的增长、经济增长机制的崩溃、生态环境的破坏、核冲突与大规模战争等问题，探索了人类在这些问题面前的出路。此后，他又陆续出版了《失控的世界》、《现代性与自我认同》等著作，充分肯定了贝克的风险社会理论。他沿用了贝克关于风险社会的提法，并将其称为"失控的世界"，对风险社会理论进行了深入的探讨和阐释，成为这一理论的重要推动者。吉登斯把风险分为两类：一类是"外部风险"（external risk），主要是指自然灾害等"来自外部的、因为传统或者自然的不变性和固定所带来的风险"①；另一类是"人为风险"（manufactured risk），也可以称之为"被制造的风险"，"指的是由我们不断发展的知识对这个世界的影响所产生的风险，是指在我们没有多少历史经验的情况下所产生的风险"②。这也就是说，社会的现代性程度越高，人造风险增长的速度就越快。因此，"人为风险"日益取代"外部风险"而占据主导地位，风险日益增多就是当代社会人们必须面对的生存环

---

① ［英］安东尼·吉登斯：《失控的世界》，第22页。
② ［英］安东尼·吉登斯：《失控的世界》，第22页。

境。"人为风险"是"我们以一种反思的方式组织起来的行动框架中要积极面对的风险"①。由此，如何建立起新的治理机制，构建风险共担和并存的秩序，就成为风险社会思考问题的重心。吉登斯指出，在工业社会中存在的主要是外部风险，包括一些具有一定规律性、可预见的风险，如生育、养老；和一些自然发生的概率性事件，如工伤、失业、疾病。这两种风险是国家可以通过建立各种社会保险或保障制度的方法加以解决和应对的。而在后工业社会中，全球化、消解传统化、人为不确定性等构成了风险社会的特征，人们面临着种种人为风险，这种风险具有较大的不确定性，难以预防，无法用传统的方法加以应对，它们给人类生活带来了大量不确定性和生存危机。吉登斯和贝克一样，主张从制度层面来分析和应对风险，属于风险社会理论的制度主义流派。在贝克和吉登斯看来，现代社会的发展源于人们对"财富分配的逻辑"的关注，而这却在理性中忽视了社会发展的另一条逻辑，即"风险分配的逻辑"。按照"风险分配的逻辑"，现代社会的形成源于人类对不同时期风险的应对，不断规避风险和降低成本是各种技术、组织和制度演进的基本动力。然而，随着技术突飞猛进的发展和制度的日益精细化，技术和制度运转的负效应及失灵的风险日益凸显，"技术化"风险和"制度化"风险，成为风险社会时代不得不面对的挑战。在从传统（工业）

---

① ［英］安东尼·吉登斯：《超越左与右：激进政治的未来》，李惠斌、杨雪冬译，社会科学文献出版社 2003 年版，第 157 页。

现代性向反思现代性转型的过程中，人类的理性所造就的技术和制度在实现对传统不确定性的更多控制的同时，也带来了更大程度上的新的不确定性。"有组织的不负责任"，如美国的各种"退群"，就是这种困境的典型表现，也构成了这个时代政治冲突的主要问题。作为制度主义的风险社会论者，"贝克更强调技术性风险，而吉登斯则侧重于制度性风险；贝克的理论带有明显的生态主义色彩，而吉登斯的话语则侧重于社会政治理论叙述"①。吉登斯的风险社会理论除了同贝克一样注重宏观制度分析之外，还将对风险问题的探讨深入到具体政策和个人生活层面，因而更具有政策操作性意义。

与贝克和吉登斯不同，道格拉斯、拉什等人将风险社会的研究拓展到了文化领域，标志着风险社会理论的研究进入了一个新的阶段。作为风险社会理论的文化主义流派，他们主张从文化的视角来认识和分析人类所面临的风险，认为当代社会的风险并没有增加或加剧，而是人们的认知程度提高了，被感知、意识到的风险增多和加剧了。玛丽·道格拉斯和阿伦·威尔德韦斯（Aaron Wildavsky）合著的《风险与文化》一书指出："在当代社会，风险实际上并没有增多，也没有加剧，相反仅仅是被觉察、被意识到的风险增多和加剧了。"② 斯万·欧维·汉森（Sven

----

① 杨雪冬：《风险社会与秩序重建》，第 29 页。

② 转引自［英］斯科特·拉什著，王武龙编译：《风险社会与风险文化》，《马克思主义与现实》2002 年第 4 期。

Ove Hansson）还提出风险社会就是"指在一个社会，人们用'风险'这个概念来描述和分析社会问题。"① 拉什把生态威胁、科学技术的负面效应及其带来的风险等都纳入了现代风险的范畴。② 他们还从文化的角度解读了三类风险，即社会政治风险、经济风险和自然风险。市场个人主义文化把经济风险视为最大风险，等级制度主义文化把社会政治风险视为最大风险，社团群落之边缘文化把自然风险视为最大风险，而社会结构的变迁就是由这三种不同的"风险文化"引起的。拉什从批判贝克和吉登斯的制度主义观点出发，认为风险是当代的一种文化现象，风险文化是混乱的、没有秩序的。我们这个时代正处在从风险社会向风险文化过渡，风险文化将会成为取代"制度性社会的一种实际形式，风险文化将渗透蔓延到所有的不确定领域。而这些不确定领域以前从传统的规范和秩序来说是确定的，只是在传统社会向现代化社会转型后的高度现代化的社会中才会成为给人类生存带来风险的不确定领域。"③ 在风险文化时代，社会成员宁可要平等意义上的混乱和无序状态，也不要等级森严的定式和秩序。因此，对社会成员的治理方式不是依靠法规条例，而是依靠一些理

---

① 斯万·欧维·汉森著，刘北成译：《知识社会中的不确定性》，《国际社会科学杂志》（中文版）2003 年第 1 期。

② ［英］斯科特·拉什著，王武龙编译：《风险社会与风险文化》，《马克思主义与现实》2002 年第 4 期。

③ 转引自［英］斯科特·拉什著，王武龙编译：《风险社会与风险文化》，《马克思主义与现实》2002 年第 4 期。

念和信念。这种认识论解读的启发意义在于，可通过风险文化的培育，提升政府、其他社会组织、公众的面对风险的心理韧性。

作为社会系统理论研究的资深学者，卢曼教授是从社会系统的角度来看待风险问题的，其有关现代社会风险的研究主要集中在《生态沟通：现代社会能应付生态危害吗?》《技术、环境和社会风险：一个系统的视角》《风险：一种社会学理论》《现代性观察》等著作中。在他看来，现代社会具有多元性、差异性、不可预测性等特征，现代性分化导致现代性结构极度复杂化，各种可能性剧增，构成了现代社会的突出风险性。这种现代风险具有时间和社会的双重维度，不仅来自于我们生活其中的自然环境和社会环境，也来自于集体或个人做出的决定、选择及行动。也就是说，人们在被风险包围的同时，自己也制造着新的风险。所以，在充满复杂性和偶变性的社会系统中，除去技术发展带来的风险外，决策与不做决策本身也是有风险的。"不做决策本身就是一个决策"①。因此，在一个"除了冒险别无选择的社会"中，必须保持开放性的心态，充分地认识到世界的复杂性和自身理性能力的有限性，保持对整个社会系统的反思性。

作为风险社会理论的主要代表人物，贝克、吉登斯的理论是制度主义的，都主张在自反性现代化的框架下分析风险社会，但他们所说的制度都停留在工业生产体系和国家政治体系层面，缺

---

① Luhmann, N., *Risk: A Sociological Theory*, New York : Aldine de Gruyter, 1993, p. 28.

乏对资本主义生产方式层面的深刻剖析。因而只能将风险治理的希望寄托在人们的反思理性、自反性现代化上，希望通过知识观念的变革来塑造社会。道格拉斯、拉什的理论是社会文化维度的，从风险与文化的关系入手探讨风险问题；卢曼的理论则是社会系统维度的，从现代社会的结构和内在机制来阐释风险问题。他认为风险分散在不同的"自我指涉的"功能系统中，不可能从根本上得到消除和解决。此外，还有一些学者如劳、福柯（Michel Foucault）、科恩（Morris J. Cohen）、阿赫特贝格（Wouter Achterberg）等也对风险社会理论进行了研究，如提出金融危机、种族歧视、贫富分化、核危机等新风险的出现导致了社会风险，探讨了基于规训技术的风险治理，以及风险社会与生态民主等问题，指出应对风险社会必须从政治入手，协商民主政治是应对风险社会的适宜模式；应相信专家和知识的能力，依靠权力和现代性知识能够实现对风险的有效控制。

　　这些研究推动了风险社会理论的发展，但都没有从资本的逻辑来说明现代风险的病根——资本的主体化、资本逻辑对社会生活的全面控制。① 从理论的起点看，风险社会理论兴起于西式现代化过程中各类风险矛盾凸显、加剧的阶段，各理论流派对风险社会的认识都基于对现代性与现代化的批判和反思。他们认为

---

① 庄友刚：《从马克思主义视野对风险社会的二重审视》，《探索》2004 年第 3 期。

"现代性总是涉及风险观念"①，风险社会就是与工业社会"简单现代化"对应的"第二次现代化"，是"反思性现代化"的社会发展阶段。风险社会理论家们的批判，揭示了西式现代化过程的弊端与现代性的阴暗面，对人们全面认识现代性与现代化具有启发意义。

但风险社会理论自身的局限性也很突出，其以社会发展的部分特征界定社会发展阶段与形态，就犯了以局部替代整体、以具体替代一般的方法论错误。同时，其理论局限还表现在对风险的根源分析与应对策略上。以贝克和吉登斯为代表的制度主义流派认为，现代社会是人为建构的风险为主的社会，这种现代风险源于科技工具理性的失控和社会制度的失范，因而应通过完善制度增强风险预警来控制。道格拉斯和威尔德韦斯则从文化视角提出，现代风险主要源于边缘社团以反对与否定制度和规范为核心的文化，而防范和化解之策应是环保运动、绿色运动等亚政治运动。应该说，较之以感觉、情感性反思为主的文化主义，制度主义的风险分析更具洞察力地看到了风险的商业利益致因；但不论是客观维度的制度主义分析，还是主观维度的文化主义解说，都只是从某一侧面阐释了现代风险的来源，其对策也都在一定范围内有其合理性与有效性，都没有进一步从现代化的发端与推进的资本主义根源揭示现代风险的本质，没能认识到"人为的风险"

---

① ［英］安东尼·吉登斯：《失控的世界》，第22页。

的实质是资本主导的生产无限扩张的西式现代化自身造就的负面
性。风险社会理论一方面认为现代性是现代风险的根源，即
"现代性正从古典工业社会的轮廓中脱颖而出，正在形成一种崭
新的形式——（工业的）'风险社会'"①；另一方面又主张在现
代性的框架内克服风险，由此，其所提出风险化解之道必然不是
历史性的克服并扬弃风险社会，而仅是一种"用改革和改良的
方法对环境方面的风险和其他已经察觉和认识的风险进行有效的
控制"②。这种治标不治本的改良主义，维护而不是反对现有的
资本主导的秩序，因而是不可能从根本上解决种种风险问题并走
出风险社会的。而且，风险社会的理论预设是风险不可能被消
除，其必然的逻辑是风险社会不可超越，"在风险社会中，不明
的和无法预料的后果成为历史和社会的主宰力量"③。这种主张
在哲学上又犯了不可知论的错误，其理论根源在于对社会历史发
展的规律性认知不足。正如国内一些学者所批评的，贝克的风险
社会理论是一种"知识风险观"，其从知识出发对风险的本质、
个体与社会的紧张关系、生态问题的科技理性原因，以及现代性
的负面性与"反自身性"等问题的揭示，都具有重要的启发意
义；但同时，其理论在本体论、方法论与实践论三个层面又存在
"一元论"与"非一元论"、风险可知论与风险不可知论等深层

---

① ［德］乌尔里希·贝克：《风险社会》，《序言》第 2 页。

② ［英］斯科特·拉什：《风险社会与风险文化》，李惠斌主编：《全球化与公
民社会》，广西师范大学出版社 2003 年版，第 302 页。

③ ［德］乌尔里希·贝克：《风险社会》，第 20 页。

矛盾。①

鉴于风险社会理论的自身局限，其不可能指导人类走出风险阴霾。只有立足于马克思主义的实践与历史存在论，一方面从世界历史视角参透风险社会的存在本质，另一方面从社会关系视角明晰风险社会的历史本质，辩证地看待风险与劳动的关系，准确地把握资本主义与现代性的联系，才能澄明现代风险的历史性、客观性、阶级性、转换性，找到风险社会的真正出路。

第二节　马克思主义风险思想

虽然马克思、恩格斯没有直接论述过风险社会，但其著作中蕴含了对经济、生态、政治、社会各领域风险表现及其本质阐释的内容。中国共产党人在领导中国人民在革命、建设、改革的过程中，在继承中华优秀传统文化中诸如忧患意识等风险思想资源的基础上，创造性地发展了马克思主义的风险思想，形成了中国化马克思主义风险观。充分挖掘这些风险思想，树立马克思主义风险观，将为正确应对和科学治理生态环境风险奠定基础。

---

① 陈忠、黄承愈：《风险社会：知识与实在——贝克"风险社会理论"的"知识问题"与"历史超越"》，《马克思主义研究》2006 年第 7 期。

一、马克思、恩格斯的风险思想

在马克思、恩格斯的著作中虽没有对风险和风险社会的直接阐释，但其对资本主义生产过程的分析、对资本主义制度的批判及其阶级斗争理论、物质变换裂缝理论、世界历史理论等都蕴含着丰富的风险思想。特别是马克思对资本主义制度及其矛盾的分析，已经从本质上揭示了现代社会风险的根源，是社会风险学说的重要思想理论资源。在马克思主义看来，现代性的负面效应正是资本主义实践后果的一种外在表现。由此，现代风险的真正源头其实是资本主义社会的生产关系。在资本逻辑的主宰下，过度的生产与消费必然导致现代风险的产生，而资本主义阶级结构又必然导致风险分配的不公。只有落脚于改变资本主义生产关系，才能真正走出"风险社会"。

（一）资本本性论与经济风险

马克思主义关于资本本性的思想和对资本逻辑的分析，蕴含了对经济风险，乃至全球金融危机的天才预见。马克思对资本主义社会的分析是从商品入手的，进而分析了资本所具有的逐利本性，资本逻辑不断展开与运行，使资本成长为一种外在于人的存在的客观力量。资本逻辑运行中的增殖性、流动性、竞争性、扩展性等特点，一方面让资本获得了强大的影响力；另一方面，也给资本主义的发展埋下了巨大的经济风险。马克思曾指出："资产阶级除非对生产工具，从而对生产关系，从而对全部的社会关系不断地进行革命，否则就不能生存下去。"① 资本逻辑的活力就在于其对最大限度利润的无休止追求，而只要资本存在，资本逻辑就会发生作用，就会不择手段地去追求利润的增加，而追求利润的最大化的过程就是一个走向风险的过程。因此，资本逻辑不仅使其自身集风险于一身，而且也让人类社会陷入一种风险性的生存方式之中，资本逻辑由此必然转化为一种风险逻辑。

关于资本是什么的问题，马克思主义的回答是：资本是首先一种生产关系，一种价值的增殖运动，并由此导致其成为一种剥削手段和一种经济权力。作为一种经济权力，资本能够在资本主义社会中支配一切，决定着社会的其他方面，只要掌握了资本，也就掌握了支配和控制剩余劳动（攫取财富）的权力，这就是马克思主义所揭示的资本的秘密。资本不仅仅是外在表现的物，而且还是由积累财富的欲望所推动的运动过程，而资本逻辑就源于资本的这种运动变化。"以价值增殖为动机和目的的没有止境和没有限度的资本运动，这就是资本运动的逻辑。"② 资本逻辑在运动变化中表现为资本的增殖性、流动性、竞争性、扩展性。

资本的增殖性是指资本能够在其运行过程中不断地带来价值

①　《马克思恩格斯选集》第 1 卷，人民出版社 1995 年版，第 275 页。
②　孙正聿：《"现实的历史"：〈资本论〉的存在论》，《中国社会科学》2010年第 2 期。

的增殖，这是资本自身具有的内在属性。正因为如此，资本才具有了无穷的魅力，吸引着众多人们对它竞相追逐、趋之若鹜。但要实现资本的增殖性，首要条件是要求商品交易的成功，也就是该卖的能卖掉。如果商品无法卖出，物化在商品中的劳动就无法变现而实现资本的增殖。资本的这种增殖性让它总是以一切可能的方法，在现实社会中去最大限度地攫取剩余价值。正如马克思所指出的那样，资本主义生产的目的和动机，就是追求尽可能多的剩余价值。为了实现价值的增殖，资本家就会想方设法地扩大规模、更新设备、占有更多的资源。经济目标作为唯一目标，引导资本家的生产不断的寻找、掠夺各种自然资源，甚至为了抢夺资源不惜发动战争，给人民带来深重的灾难。马克思还进一步指出了资本积累的实质，就是剩余价值的资本化，即资本家不断地把剩余价值用于资本主义再生产过程中，从而带来更多的剩余价值。造成的结果就是社会的两极分化：社会财富越来越集中于少数大资本家手中，而贫困却在占人口多数的雇佣劳动者一边持续积累，最终就会导致资本主义社会的经济危机。

资本的流动性指的是资本只有循环周转起来才富有生命力，才能赚钱，一旦离开了这种运动，资本逻辑就失去了意义。资本的流动性表明，资本需要不断地从一种形式转化为另一种形式，资本的增殖就是在这种转化的过程中实现的。资本的这个流动过程涉及多方面因素，如世界经济环境的整体状况、公众消费水平的高低等。如果这些影响因素出现问题，就有可能导致资本流动环节的断裂，甚至酿成全球危机。资本的流动性的一个重要客观后果就是全球化趋势，即人类的活动在规模、范围、程度、领域、后果等方面都表现出前所未有的"时空分延"（吉登斯语）状况，"在场与缺场常在一起，远距离的社会事件和社会关系与地方性场景交织在一起"①。资本的流动性让资本不可能局限在某一地域，每个地区、每个个体的活动都与其他地区、其他个体的活动密切联系起来，结果必然导致任何一个地方出现问题，都会影响扩展到全球，所有的国家都被带到社会风险之中。由此，社会风险也从局部地区向全球范围展开，风险具有了高度的全球化特征。

资本的竞争性是指为了实现利益的最大化，不同的资本总是处于彼此竞争的状态，这是资本内在属性的外在表现。资本本性的实现离不开竞争，正是在竞争中，资本提高了使用效率而实现了最优化。没有了竞争性，资本主义的生产方式也就不存在了。在《德意志意识形态》一书中，马克思深刻地揭示了资本主义生产方式的这种竞争性特征，即商品的使用价值和交换价值的颠倒。本来是"为了买而卖"的商品生产模式，在资本逻辑的作用下异化为"为了卖而买"，导致商品的属人性质丧失，生产与消费脱离，商品拜物教、资本拜物教盛行，自然、商品、技术甚至是人本身都成了获取货币（赚钱）的手段。由资本的竞争性

---

① ［英］安东尼·吉登斯：《现代性与自我认同》，第23页。

所引导的异化的生产和消费，不是为了满足人的合理需求，不是为了人的发展而进行，而是为了实现资本在竞争中获胜，实现资本不断增殖而进行。因而，消费也就成为了为生产而消费，这种被异化了的消费导致了资源的大量浪费。资本的竞争性在现实运作中，还表现为为了谋取自身的最大利益，往往采取各种不公平、不合理的手段。比如，在国际竞争中利用大国地位实行强权、不公平贸易规则等，损害广大发展中国家的利益。结果导致南北差距的拉大，让人类的生存和发展所面临的风险进一步加剧。

资本的扩展性是指资本总是试图在运动中实现自身的不断发展壮大，从而达到支配更多的劳动并获取更多的剩余价值的目的。资本的这种扩展性不仅驱使资本家阶级不停地进行变革和创新，而且驱使其奔走于世界各地寻找资本最有利的发展空间，从而让资本关系向全球扩展，触角遍及世界各个地方。马克思在《资本论》中对资本不断追求最大限度利润的扩展性，及其贪婪性与投机性曾作过生动的描述："一旦有适当的利润，资本家就胆大起来。如果有 10% 的利润，它就能保证到处被使用；有 20% 的利润，它就活跃起来；有 50% 的利润，它就铤而走险；为了 100% 的利润，它敢践踏一切人间法律；有 200% 的利润，它就敢犯任何恶行，甚至冒绞首的危险。"[1] 资本的扩展性，一方面使得世界市场得以形成，各种技术的发展让全世界的人与人之

---

① 《资本论》第 1 卷，人民出版社 2004 年版，第 871 页。

间、国与国之间的联系日益紧密；另一方面，资本在全球范围逐利的单一经济目标，又容易导致人与人、国与国之间关系的紧张，甚至有引发战争的危险，从而给全世界人们的生活带来风险。

在现实的资本主义社会中，资本逻辑已经成为一个不以人的意志为转移的客观性力量，支配、决定着人的生产和生活。马克思对资本逻辑的批判，就揭示了资本主义社会人受物统治的现实。商品拜物教的秘密就在于"人类劳动的等同性，取得了劳动产品的等同的价值对象性这种物的形式；用劳动的持续时间来计量的人类劳动力的耗费，取得了劳动产品的价值量的形式；最后，生产者的劳动的那些社会规定借以实现的生产者关系，取得了劳动产品的社会关系的形式"①。可见，商品拜物教无关于商品自身的自然属性，而是源于人类劳动的社会性质以及人与人之间的社会关系。《资本论》中阐明商品要实现其价值必须转化为货币，由此货币就代表了人对社会权力的占有和人全部的社会关系，这就使得人的劳动的社会性以及人与人之间的社会关系同其自身相异化。

马克思通过考察雇佣劳动和资本主义的生产过程，透过资本逻辑营造的自由与平等的假象，将资本对劳动的剥削彻底揭示出来。资本逻辑在为资本家攫取剩余价值的过程中，造成了工人恶

---

① 《马克思恩格斯全集》第44卷，人民出版社2001年版，第89页。

劣的工作环境和生活条件，导致工人的穷困、异化和非人生活。在资本主义经济形态中，没有设定资本对剩余劳动的剥削界限。"资本由于无限度地盲目追逐剩余劳动，像狼一般地贪求剩余劳动，不仅突破了工作日的道德极限，而且突破了工作日的纯粹身体的极限。它侵占人体的成长、发育和维持健康所需要的时间。它掠夺工人呼吸新鲜空气和接触阳光所需要的时间。"① 资本增殖的本能使其像"吸血鬼"一样到处榨取剩余价值，而罔顾雇佣工人的身体界限和道德界限，必然导致工人同资本家不可调和的矛盾。而且，在剩余价值的资本化，也就是资本积累的过程中，资本像滚雪球一样越滚越大，而雇佣工人却始终处于"自由得一无所有"的境地。生产的不断扩张和消费的不断萎缩，严重时就会爆发资本主义的经济危机。当今社会的科技进步虽然让工人的生存状况得到了很大改善，但是血汗工厂、低福利人群以及贫富的巨大差异依然存在。

在马克思看来，资本关系的固有矛盾和资本对利益的无止境追逐，必将导致行业风险直至爆发经济危机。在《资本论》中，马克思还对虚拟资本的特点进行了研究，认为虚拟资本是以虚幻的形式表现的实际存在。尽管虚拟资本可以在一定程度上解决资金筹集的难题，提高实体经济的效率。但是，其固有的投机属性、信息不对称效应，以及实体经济中的不确定性向虚拟经济领

---

① 《资本论》第 1 卷，第 306 页。

域的传导等，都使得虚拟资本制造和加剧着经济风险。随着资本关系的全球扩张乃至经济全球化，这些矛盾和危机不仅没有消除，甚至还有强化的趋势。原来表现在一国、一个区域内部的风险也将演变、放大为全球性经济风险。席卷全球的东南亚金融风暴、全球金融危机也验证了马克思的这些思想的预见性和正确性。

马克思还从社会历史进程的视角剖析了资本主义社会整体，认为资本逻辑有其产生的前提，也存在其消亡的界限。一方面，马克思从作为经济发展的手段和方法的层面，肯定了资本逻辑在推动资本主义经济发展中曾起到过巨大作用，促进了资本主义社会生产力的快速发展，推动了人类文明的进步，形成了世界历史和世界公民。但另一方面，在资本主义社会中，资本统摄一切，一切都服从或服务于资本增值的目的。资本已渗透到资本主义社会的各个方面。按资本的本性来说，资本逻辑只有在经济领域才能实现其价值增殖的目的。但在现实的资本主义社会里，资本并非一种绝对独立的存在，它总是同社会的政治、文化和社会生活紧密相连。资本家一方面利用政治、文化和社会生活来加速和扩大资本的增殖，另一方面又利用资本来控制政治、文化和社会生活领域，并以此统治整个资本主义社会。资本由此而突破其市场的限度，僭越到社会其他领域，导致资本主义社会的不平等、阶级对立和贫富分化。人与人的关系也是靠金钱维系，就连人的尊严也成了一种交换价值。对此，马克思曾一针见血地指出，资本"无情地斩断了把人们束缚于天然尊长的形形色色的封建羁绊，它使人与人之间除了赤裸裸的利害关系，除了冷酷无情的'现金交易'，就再也没有任何别的联系了。它把宗教虔诚、骑士热忱、小市民伤感这些情感的神圣发作，淹没在利己主义打算的冰水之中。它把人的尊严变成了交换价值，用一种没有良心的贸易自由代替了无数特许的和自力挣得的自由。"① 资本不受任何封建制度的牵制和约束，它并不注重什么时代，什么制度，人与人之间是纯粹的赤裸裸的利害关系，只有十分冷酷无情的现金交易。"资产阶级抹去了一切向来受人尊崇和令人敬畏的职业的神圣光环。它把医生、律师、教士、诗人和学者变成了它出钱招雇的雇佣劳动者"②。但资本逻辑，这个曾经用法术创造了现代文明的"魔法师"，却无法支配自己召唤出来的"魔鬼"。生产过度和消费萎靡、物资浪费和生态破坏、文化商品化和道德堕落以及贫富差异和人的全面异化等，诸多根源于资本逻辑的深层矛盾，预示着资本主义社会有其瓦解的界限。资本开创了现代性法则，其带来的破坏性力量和后果，就与社会风险相关。这些观点为我们辩证认识人的实践活动，正确应对"人造风险"，提供了方法论上的支持。

（二）阶级斗争论与政治社会风险

马克思主义的阶级斗争理论建立在对人类社会各个历史时期

---

① 《马克思恩格斯选集》第1卷，第275页。
② 《马克思恩格斯选集》第1卷，第275页。

的社会关系本质的深刻认识基础上，重点分析了资本主义社会的阶级结构、阶级对立和阶级统治的本质，其中蕴含着对资本主义社会的政治风险、社会风险的产生根源、表现的理性判断。

马克思主义认为阶级是人们贫富状况根源的反映，表面上由收入水平和社会地位决定的经济地位差异，实质上是由生产资料所有制决定的。所以，阶级是一个经济范畴，表明一些社会集团凭借对生产资料的占有，而占据另一些社会集团的劳动成果。阶级的这一理论内涵体现了不同社会集团在阶级社会里的对立关系。在物质尚未达到高度丰富的情况下，随着社会生产力的发展，分配不均必然引起利益诉求纷争，甚至导致价值冲突。这种社会风险只有在生产力高度发达的情况下，阶级"被现代生产力的充分发展所消灭"① 的时候才能避免。

阶级的产生和发展是由生产力发展水平及与之相适应的所有制关系决定的。阶级的产生以私有制的出现为基础，"分工的规律就是阶级划分的基础。"② 随着生产力的发展和分工的扩大，社会成员就会因各自物质利益的不同甚至对立而逐渐分化，而利益的分野、政治的分歧又必然导致阶级关系的对立。分工的每一次扩大，都不可避免地引起劳动资料、劳动工具、劳动产品之间关系的变化，由此，阶级矛盾就是生产力和生产关系矛盾的表现。一切社会制度的基础都是与一定生产力相联系的生产关系所

---

① 《马克思恩格斯选集》第3卷，人民出版社1995年版，第813页。
② 《马克思恩格斯选集》第3卷，第669页。

决定的物质生产方式，生产什么、如何生产决定了不同阶级社会中的产品分配以及社会的等级和阶级划分。① "至于这些阶级是什么样子，那要看生产的发展阶段。"② 对于阶级划分的标准，马克思主义坚持从历史唯物主义出发，按照经济标准进行划分。恩格斯指出："……生产以及随生产而来的产品交换是一切社会制度的基础；在每个历史地出现的社会中，产品分配以及和它相伴随的社会之划分为阶级或等级，是由生产什么、怎样生产以及怎样交换产品来决定的。"③ 恩格斯在《反杜林论》中还论证了阶级划分的经济标准，并将其深入到了生产力层面。他指出："社会分裂为剥削阶级和被剥削阶级、统治阶级和被压迫阶级，是以前生产不大发展的必然结果。"④ 生产率的低下使社会不能生产出足够满足人们需求的产品，这就使一部分人占有另一部分人的劳动产品成为可能，即生产力的不发达是导致阶级产生的根本原因，"只要劳动还占去社会大多数成员的全部或几乎全部时间，这个社会就必然划分为阶级"⑤。在社会生产力还未发展到消除脑体分工的不发达生产力状况下，劳动者整天忙于劳作，根本无暇参加社会的、宗教的、法律的活动，就必然导致社会分化为劳动者阶级和管理者阶级。

① 《马克思恩格斯选集》第3卷，第654页。
② 《马克思恩格斯选集》第1卷，第303页。
③ 《马克思恩格斯文集》第3卷，人民出版社2009年版，第547页。
④ 《马克思恩格斯选集》第3卷，第669页。
⑤ 《马克思恩格斯选集》第3卷，第669页。

　　阶级的形成和发展有其自身的发展规律。在阶级社会中，任何社会成员都从属于某个阶级。阶级中的个体通过共同的社会关系联结在一起，他们每个人都被打上了社会关系的烙印，个人作为阶级的成员处于这种社会结构中，由经济关系所决定。① 同时，阶级之间以及阶级内部的关系，还体现为政治关系和思想关系。因为与生产资料的关系相同，同一阶级的所有成员就有了共同的利益诉求。这种共同的社会地位与经济利益诉求，必然使其在政治上和思想上结成一体，形成一股政治力量和思想力量。正如马克思所言：统治着社会的物质力量的阶级，也必然统治着社会的精神力量。支配着物质生产资料的阶级必然同时支配着精神生产资料。② 可见，统治阶级表面上做着缓和社会矛盾、维护社会秩序之事，实际上它只是在维护本阶级的利益，镇压被统治阶级的反抗。这不过是其占统治地位的经济关系在观念上的表现，不过是以观念形式表现出来的经济统治力量而已。③ 资本主义生产方式必然带来社会不公，"财富和贫穷的积累都达到了极致"④。财富分配的不公造成社会的分裂，富裕的统治阶级和人数众多的劳动者之间的冲突，导致资本主义社会巨大的政治风险和社会风险。而且，资本主义制度下的阶级分化也意味着风险分配的不平等，优势地位的社会群体在攫取物质财富的同时，将现

---

① 《马克思恩格斯选集》第 1 卷，第 199 页。
② 《马克思恩格斯选集》第 1 卷，第 178 页。
③ 《马克思恩格斯选集》第 1 卷，第 178 页。
④ 《马克思恩格斯选集》第 1 卷，第 325 页。

代风险强加给了弱势群体。而"无产阶级的任务就是改变自己非人的生活状态，使自己成为社会人，与人的地位相称"①。

"（从原始土地公有制解体以来）全部历史都是阶级斗争的历史，即社会发展各个阶段上被剥削阶级和剥削阶级之间、被统治阶级和统治阶级之间斗争的历史。"② 阶级斗争是阶级社会发展的一般规律，阶级斗争的过程中必然伴随有政治上的暴力压迫，被统治阶级经济上的被占有、政治权力的丧失，必然引起两个阶级之间的冲突和斗争。所以，资本主义一方面生产发展、科技进步；另一方面，繁荣表象下伴随的却是动荡冲突、社会不公、道德败坏和人的躁动不安。"在我们这个时代，每一种事物好像都包含有自己的反面。我们看到，机器具有减少人类劳动和使劳动更有效的神奇力量，然而却引起了饥饿和过渡的疲劳。财富的新源泉，由于某种奇怪的、不可思议的魔力而变成贫困的源泉。技术的胜利，似乎是以道德的败坏为代价换来的。随着人类愈益控制自然，个人却似乎愈益成为别人的奴隶或自身的卑劣行为的奴隶。甚至科学的纯洁光辉仿佛也只能在愚昧无知的黑暗背景上闪耀。我们的一切发现和进步，似乎结果是使物质力量成为智慧的生命，而人的生命则化为愚钝的物质力量。现代工业和科学为一方与现代贫困和颓废为另一方的这种对抗，我们时代的生产力与社会关系之间的这种对抗，是显而易见的、不可避免的和

---

① 《马克思恩格斯全集》第 2 卷，人民出版社 1957 年版，第 625—626 页。
② 《马克思恩格斯选集》第 1 卷，第 380 页。

毋庸争辩的事实。"① 工业的发展与科学的进步，实际上与社会的贫困和经济的萧条相伴而行。尽管机器生产的投入使用让我们的劳动力得到了解放，但与效率同时增长的是，我们的劳动力付出者却没有了工作和收入。人类科技革命及其发展历程的结果，却使物质力量成为了智慧的生命，而人的生命则化为愚钝的物质力量。当我们在庆祝由于技术革命创造的历史性变革时，却没意识到这种变化正预示了财富的新源泉将变成贫困的源泉。

阶级既然产生于经济上对生产资料和生活资料占有的不公，那么，随着资本主义生产的持续进行，财富两极分化的状况必将愈演愈烈，无产阶级与资产阶级之间的斗争也就成了不可避免的事情，这种阶级斗争就是要消灭这种不平等的占有关系，把"社会从私有财产等等解放出来、从奴役制解放出来，是通过工人解放这种政治形式来表现的，这并不是因为这里涉及的仅仅是工人的解放，而是因为工人的解放还包含普遍的人的解放"②，这是为大多数人谋利益的社会运动。恩格斯在《共产主义原理》中，曾指出消除阶级不平等的方法应该是通过发展生产力来大力发展教育，消灭脑体分工，从而最终消灭社会分工。"阶级的存在由分工引起的，现在这种分工将完全消失，教育行将使年轻人能够很快熟悉整个生产系统，将使他们根据社会需要或者他们自

① 《马克思恩格斯选集》第1卷，第775页。
② 《马克思恩格斯文集》第1卷，人民出版社2009年版，第167页。

己的爱好，轮流从一个生产部门转到另一个生产部门——于是各个不同的阶级也必然消灭。"① 生产力的大发展，脑体之间分工的消失，将消除阶级之间的经济剥削因素，阶级之间的斗争就将成为历史。

经典作家通过对资本主义社会基本矛盾的分析，指出两大阶级之间的对立和冲突必然导致无产阶级革命。马克思全面批判了在资产阶级社会里发展起来的"平等的权利"，指出其"总还是被限制在一个资产阶级的框框里"，这是社会的弊病，无产阶级"应当推翻国家"，才能使自己的个性获得解放。在 1852 年致魏德迈的信中，马克思强调了他的阶级斗争学说的新观念，即无论什么阶段，斗争到最后都是无产阶级走上领导的舞台；在任何时候，阶级都和它对应的生产时代紧密相连；现有的阶级是对过去阶级和无产阶级联系的必经之路。马克思看到，资本主义的每一个进步都将发展了埋葬自身的力量。而资产阶级的统治不可能长久，它终究会被无产阶级革命所推翻。因为旧的国家机器一定会被无产阶级革命所打败，必将变革原有的社会秩序与社会规范，这就是资本主义社会的巨大政治风险。

（三）物质变换裂缝论与生态风险

马克思主义关于物质变换及其裂缝的理论，是对生态风险的

---

① 《马克思恩格斯选集》第 3 卷，第 669 页。

最早探索。"物质变换"的概念最早来自化学家摩莱肖特,他说:"人的排泄物培育植物,植物使空气变成坚实的构成要素并养育动物。肉食动物靠食草动物生活,自己成为肥料又使植物界新的生命的胚芽得到发展。这个物质交换名之为物质变换。"①作为自然界的普遍现象,物质变换是物种间共生共存的前提。马克思受摩莱肖特的影响,把人与自然间的关系看作物质变换关系。马克思肯定了资本主义发展生产力的巨大成就,但他同时也看到了现代工业繁荣背后的生态危机。

资本主义雇佣劳动的前提条件是资本家占有全部生产资料,劳动者则一无所有,只能靠出卖劳动力维持自己和家人的生活。资本主义生产方式剥夺了工人占有自然的权利,造成了工人的日益贫困,这导致人与自然物质变换的畸形。马克思的物质变换裂缝理论就是在研究土壤退化问题时形成的,他分析指出:人类为了满足生存发展的需要,通过自己的实践活动,从自然界获得物质和能量,并将之转化为自己需要的使用价值和其他财富,这就是人与自然间的物质变换。在这个过程中,人居于主体地位,但人自身也存在着不可避免的局限性,而这种局限性使人类的实践活动可能对自然产生破坏。在资本主义生产方式下,机器被大量地使用,农业被大规模地改造,结果必然让人与自然间的物质变换出现裂缝,并引起土壤的污染和退化,"使农业人口减少到不

---

① [德] A. 施密特:《马克思的自然概念》,欧力同、吴仲昉译,商务印书馆1988年版,第89页。

断下降的最低限度，而在他们的对面，则造成不断增长的拥挤在大城市的工业人口。由此产生了各种条件，这些条件在社会的以及生活的自然规律决定的物质变换的过程中造成了一个无法弥补的裂缝，于是就造成了地力的浪费，并且这种浪费通过商业而远及国外"①。人与自然间的物质变换是以生产劳动为中介的。"劳动首先是人和自然之间的过程，是人以自身的活动来中介、调整和控制人和自然之间的物质变换的过程。"② 资本主义生产使人与自然间正常的物质变换受到干扰和阻碍，导致了土地贫瘠、山林荒秃、矿藏枯竭、气候恶化、河流污染等环境问题。为了解决这些生态环境问题，马克思提出了人不是土地的所有者，只是土地的使用者，人类应该把改良好的土地传给子孙后代的可持续发展思想；提出了"消费排泄物"处理上的农村和城市、工业和农业之间建立合理的物质循环。"生产排泄物的利用"的用尽废料的生产理念，以及利用科技，减少废料等循环经济思想；提出了"合理地调节他们和自然之间的物质变换"，"靠消耗最小的力量，在最无愧于和最适合于他们的人类本性的条件下来进行这种物质变换"③ 的思想。

为了获得劳动力，资本主义还通过剥夺农民的土地等方式，迫使农民走进资本家的工厂接受剥削。这虽然是与大工业生产的

---

① 《资本论》第 3 卷，人民出版社 2004 年版，第 918—919 页。
② 《马克思恩格斯全集》第 44 卷，第 207—208 页。
③ 《马克思恩格斯全集》第 46 卷，人民出版社 2003 年版，第 925 页。

要求相适应了，但却是造成城市和乡村的分离与对立的根源。对此，马克思分析指出："它一方面聚集着社会的历史动力，另一方面又破坏着人和土地之间的物质变换，也就是使人以衣食形式消费掉的土地的组成部分不能回到土地，从而破坏土地持久肥力的永恒的自然条件。"① 这些分析深刻地揭示了造成物质变换裂缝的根源。在《资本论》中，马克思提出了可持续发展、循环经济的思想，主张合理控制人与自然之间的物质变换。马克思认为，人与自然之间的物质变换，是人类生存和发展的基础，也是人类生活的现实内容。合理的物质变换至少应该表现在两个方面：一是人们为了维持自己的生存所消耗的自然物最后又以某种形式回到自然，以维持自然的物质循环；二是劳动者应该占有自然界，从而为提高劳动者的身心健康提供必需的物质条件。而资本主义的生产方式正是在这两个方面破坏了人与自然的物质变换。正如马克思所指出的："资本主义生产使它汇集在各大中心的城市人口越来越占优势，这样一来，它一方面聚集着社会的历史动力，另一方面又破坏着人和土地之间的物质变换，也就是使人以衣食形式消费掉的土地的组成部分不能回归土地，从而破坏土地持久肥力的永恒的自然条件。这样，它同时就破坏城市工人的身体健康和农村工人的精神生活。"②

马克思在《资本论》中还提出到了共产主义社会，"社会化

---

① 《资本论》第 1 卷，第 579 页。
② 《马克思恩格斯文集》第 5 卷，人民出版社 2009 年版，第 578 页。

的人，联合起来的生产者，将合理地调节他们和自然之间的物质
变换，把它置于他们的共同控制之下，而不让它作为一种盲目的
力量来统治自己；靠消耗最小的力量，在最无愧于和最适合于他
们的人类本性的条件下来进行这种物质变换。"① 马克思认为
"自由人联合体"是"合理调节"的社会前提，最佳效益及最无
愧于和最适合于人类本性的统一则是"合理调节"的规则。所
谓"最佳效益"原则，就是用最少的资源获得最大的效益。所谓
"最无愧于和最适合于人类本性"规则则是在生产和生活中都要考
虑到人的自然属性和社会属性的统一，人与自然之间的物质变换
的目标就是要维持人与自然之间的互动平衡，不能盘剥和损坏自
然资源和生态系统。恩格斯也注意到了人和自然之间的依赖和制
约关系，他在《国民经济学批判大纲》中批判了资本作用下的大
工业与城市化导致的气候、污染等风险，并告诫道："不要过分陶
醉于我们对自然界的胜利，对于每一次这样的胜利，自然界都报
复了我们。每次胜利，起初确实取得了我们预期的结果，但是往
后和再往后却发生了完全不同的、出乎意料的影响，常常把最初
的结果又消除了"②。如今温室效应、极端天气频发、物种灭绝
等，也从现实角度印证了大自然的这种报复。在社会发展的过程
中，如果人类以牺牲自然界为代价，那自然也会给人类以同样的
物质变换，可能就是影响子孙万代的生态环境风险。

---

① 《马克思恩格斯全集》第 25 卷下，人民出版社 2001 年版，第 926—927 页。
② 《马克思恩格斯选集》第 4 卷，人民出版社 1995 年版，第 383 页。

（四）资本主义本质论与风险必然性

马克思对资本主义社会的深刻分析，不仅从表面上看到了资本主义社会所展现的风险，而且还从社会表面繁荣的背后，看到其所隐藏的风险和矛盾。这些存在于经济、政治、社会和生态环境等方面的矛盾的根源，就在于资本主义私有制与生产的社会化，就在于资本逻辑下永无止境地贪婪。这种资本主义的固有矛盾，就是企业内部的生产是有组织的，而整个社会的生产则是处于无组织的状态。资本主义生产实践中的生产社会化与生产资料私有制的矛盾如果得不到解决，就必然引发周期性经济危机、贫富差距扩大、阶级冲突等。而且，随着历史演化为世界历史，处在一个资本主义国家内部的这种固有矛盾还输出、扩展到全球，演变为"一国、一个地区或跨国企业内部的相对有组织性与资本在全球范围流动的无序性之间的矛盾"①。当今世界日益严峻的资源短缺、生态危机、政治经济不平衡等风险即根源于此。所以，风险全球化的实质是资本全球扩张带来的必然后果。风险社会其实就是资本主义社会在当前发展阶段的突出特征，是资本主义社会已经走向穷途末路的一个表现。如果说一国范围内资本主义基本矛盾造成的风险与危机还可以通过政府干预得到一定程度的延缓的话，那么资本的全球扩张所造成的世界风险已经难以凭

---

① 庄友刚：《风险社会与反思现代性：马克思主义的批判审视》，《江海学刊》2004 年第 6 期。

一国之力进行有效防控。马克思主义认为，资本主义基本矛盾是资本主义制度本身无法消除的，这也就意味着现代风险在资本主义社会有其产生的必然性。不仅如此，这还意味着现代风险及其全球化扩展是资本主义制度自身无法消除和避免的。也就是说，要克服风险，必须要找到新的制度出路。在马克思看来，这种新的制度只能是共产主义制度，而它的初级阶段和现实形式就是社会主义。

"资本不可遏制地追求的普遍性，在资本本身的性质上遇到了限制，这些限制在资本发展到一定阶段时，会使人们认识到资本本身就是这种趋势的最大限制，因而驱使人们利用资本本身来消灭资本。"① 这就是说，随着生产力的发展，其不可避免地会与生产关系发生对抗。当资本不能满足发展所追求的利益时，资本的普遍性就受到了限制。当这些限制积累到一定程度，以至于人们不能忍受时，人们就会根据自己的利益要求，去主动地取消这种资本，达到自身实际的需要。这就是说，要想从根本上克服和消除资本主义带来的风险，不能只从思想层面考虑，仅仅根据人的思想和认知能力来反思与提高；还要从更本质的方面来着手，这就是变革资本主义制度本身，用一种更合适的社会制度和社会形态来代替它，从而终结资本逻辑的统治。在马克思眼中，这种更合适的社会制度的初级阶段就是社会主义，它一直向前发

---

① 《马克思恩格斯全集》第 30 卷，人民出版社 1995 年版，第 390—391 页。

展就将最终进入其高级阶段,即共产主义的社会制度。恩格斯也从协调人与自然的关系角度指出,要真正实现人与自然和谐统一,"仅仅有认识还是不够的。为此需要对我们的直到目前为止的生产方式,以及同这种生产方式一起对我们的现今的整个社会制度实行完全的变革。"① 资本主义在创造了前所未有的社会生产力的同时,也造成了生态环境的破坏。所以,只有根本改变社会制度,消灭现代工业的资本主义性质,才可能真正减少生态风险。按照恩格斯的设想,在未来的共产主义社会,生产内部的无政府状态将被有计划的自觉的组织所代替,有组织的不负责任自然也就没了存在的土壤。

此外,马克思关于人的实践活动的二重性理论,是理解风险产生的重要思想源泉。实践是人的生存方式,实践活动一方面能为人类创造一个适合自己生存和发展的良好环境,另一方面也可能带来一个反人类的、异化的、不利的世界。客观地讲,人类卓有成效的创造性社会实践活动,虽然取得了很大程度的胜利,但同时人类承担的风险也日益严峻,因为现代风险的破坏性力量和后果都是非常严重的。人类社会存在的风险,与实践的负效应及其可能产生的后果有着必然联系。只要有社会实践活动,风险就会不可避免地存在。因为实践的二重性意味着负面的、否定的实践结果的存在是永恒的。所以,风险是伴随着人的实践活动、人

---

① 《马克思恩格斯文集》第 9 卷,人民出版社 2009 年版,第 561 页。

的生活和人的历史的。从马克思主义的辩证唯物主义实践观看，现代风险的根源在于资本主义实践。"生产的不断变革，一切社会状况不停的动荡，永远的不安定和变动，这就是资产阶级时代不同于过去一切时代的地方。一切固定的僵化的关系以及与之相适应的素被尊崇的观念和见解都被消除了，一切新形成的关系等不到固定下来就陈旧了。一切等级的和固定的东西都烟消云散了，一切神圣的东西都被亵渎了。人们终于不得不用冷静的眼光来看他们的生活地位、他们的相互关系。"① 现代风险社会的特质就是变动，这种不停的变动积累成一幅现代风险的图景。资本主义"一方面产生了以往人类历史上任何一个时代都不能想象的工业和科学力量。而另一方面却显露出衰颓的征兆，这种衰颓远远超过罗马帝国末期那一切载诸史册的可怕情景"②。从历史唯物主义的视野看，各种风险图景的出现，源于资本主义制度下人的实践活动的异化，这种异化导致的风险与灾难是资本逻辑本身无法克服的；未来，风险危机的真正解决之道，也要靠人的实践能力与实践水平的提高。基于此，以全人类解放为终极目标的马克思主义，将批判见物不见人的资本逻辑作为解决风险问题的现实道路。即通过不断发展生产力，打破并最终埋葬资本主义生产关系，推动人类社会迈向社会主义，乃至更高层次的共产主义

---

①　《马克思恩格斯选集》第 1 卷，第 275 页。

②　［德］乌尔里希·贝克等：《风险社会与中国——与德国社会学家乌尔里希·贝克的对话》，《社会学研究》2010 年第 5 期。

社会，从而彻底超越风险社会，实现每个人自由而全面的发展。

马克思、恩格斯关于人类社会和资本主义社会发展的风险与危机的理论，具有不可低估的科学价值和现实意义。对于这些思想和理论，我们既应从其产生的时代背景客观分析，又应结合当下的时代特征加以科学拓展，从而树立起马克思主义的风险观，进而在积极应对和科学治理社会风险，努力维护社会秩序，实现社会稳定和谐中发挥其重要的指导作用。

二、中国化马克思主义风险观

中国化马克思主义风险观是中国共产党人领导人民在应对各种风险挑战的过程中形成和发展的，不仅汲取了中国传统的忧患意识的养分，而且吸收了马克思主义经典作家的风险思想与方法论，体现出强烈的历史主动精神和使命型政党的责任担当精神，突出地表现为"观大势""谋全局"的风险战略观、"抓重点""查过程"的风险策略观、"重创新""用法度"的风险手段观以及"抓少数""靠群众"的风险主体观。

（一）"观大势""谋全局"的风险战略观

战略思维强调以整体眼光看待事物，是以前瞻性的未来眼光看眼前，是立足于全局的完整性看局部，是在高瞻远瞩、统揽全局的基础上，对事物发展的总体趋势和方向的把握。运用战略思维观察世界大势、把握国家全局，洞察风险的发生、发展规律，制定风险应对战略，是中国共产党带领人民在中国革命、建设、改革的不同历史时期应对风险的根本方法。

"战略问题是一个政党、一个国家的根本性问题。战略上判断得准确，战略上谋划得科学，战略上赢得主动，党和人民事业就大有希望。"[①] 新中国成立前，为了实现国家和民族的独立、建立一个新社会，中国共产党特别注重革命战争中的战略问题，在统筹把握国内外情况与中国革命实践的基础上，对中国革命战争的主要敌人、革命战争的三个阶段、革命战争的领导、革命战争的特点、政治和军事路线、战略方向等做出了准确判断，回应了"红旗还能打多久"的质疑，保障了党领导人民克服艰难险阻、赢得了革命的最终胜利。新中国成立后，面对敌对势力的封锁遏制与颠覆企图，中央采取的"一边倒"的外交战略、做出的抗美援朝的战略决策、提出的"三个世界"国际战略等，突破了霸权威胁与冷战"铁幕"，成功地捍卫了国家的独立、主权和民族尊严，为新中国的建设赢得了国际援助支持与较长时期的和平环境，有效维护了国家的安全和发展权益。粉碎"四人帮"、拨乱反正后，党中央做出了改革开放的重大战略决策，坚持基本路线一百年不动摇，坚持做好自己的事，以经济建设为中心，大力发展生产力，让人民逐步过上了小康生活，国家也走上

---

① 《习近平谈治国理政》第二卷，外文出版社 2017 年版，第 10 页。

了富强之路,从根本上保证了中国社会主义制度的安全。党的十八大以来,党中央更是将风险应对纳入国家发展战略的顶层设计,统筹发展与安全,以人民的根本和长远利益为核心,规划风险的系统治理,实现了从应急管理到风险治理的理念更新、从领域风险到总体国家安全的布局升级。

进入新时代后,党和政府在观大势的基础上做出了当前和今后相当长一段时间,我国发展处在"战略机遇期"与"风险易发期"叠加的历史发展阶段的重要战略判断。面对日益增多的各种可以预见和难以预见的风险,以及风险的复合性、多发性、联动性的提升,2013 年成立了国家安全委员会,并提出了"总体国家安全观",突出对风险的体系性把握与总体性应对,以"五维安全要素"与"五对安全关系"创新性地建构了新型风险治理结构与安全保障战略。中央不仅"把国家安全置于中国特色社会主义事业全局中来把握"[1],把风险治理列为未来五到十五年国家治理的重要内容和目标,写入了"十四五规划"和"二〇三五年远景目标",还在党的二十大报告中专门阐释了国家安全现代化,使之成为坚持和发展中国特色社会主义的一个基本方略。同时,"坚持在推动高质量发展中防范化解风险"[2],通过统筹推进"五位一体",协调推进"四个全面",构建新发展

---

① 《习近平谈治国理政》第三卷,外文出版社 2020 年版,第 218 页。
② 习近平:《在中共十九届中央政治局第十三次集体学习时的讲话》,《人民日报》2019 年 2 月 24 日。

格局，扎实推进共同富裕，铸牢中华民族共同体意识；"坚持以全球思维谋篇布局，坚持统筹发展和安全"①，推动构建人类命运共同体，积极参与全球治理体系变革等等一系列战略安排，都是旨在主动塑造我国发展的低风险环境，维护和延长我国发展的重要战略机遇期。

（二）"抓重点""查过程"的风险策略观

马克思主义的辩证思维强调以客观的矛盾分析把握事物，是在事物多样联系中把握主要矛盾、抓住事物本质，以关键问题的把控处理复杂局面；是在事物发展的多种可能中找准重点、洞悉事物发展趋势，以"两点论"与"重点论"的统一解决复杂问题。坚持辩证思维方法，注重矛盾分析，牢牢抓住风险应对的重点，动态把握风险的发展变化过程，是中国共产党领导人民在革命、建设与改革各个时期成功应对风险的重要策略。

新中国成立前的革命战争时期，中国共产党在领导人民争取解放的过程中，以维护党的存亡安全为重点，在革命斗争中采取了"不在一城一池的得失，而在于消灭敌人的有生力量"，"敌进我退，敌驻我扰，敌疲我打，敌退我追"，集中兵力各个击破、统一战线等策略，并注重结合实际动态调整具体策略，从而

---

① 《习近平谈治国理政》第二卷，第382页。

逐步壮大自己，化被动为主动，最终赢得了革命的胜利。在新中国成立前夕，党还以一直以来的忧患意识重点针对未来的党内腐化风险，提出了"两个务必"，即"务必使同志们继续地保持谦虚、谨慎、不骄、不躁的作风，务必使同志们继续地保持艰苦奋斗的作风"①。新中国成立初期，面对国家建设中的各种风险，毛泽东提出"不要四面出击"，重点应对可能危及国家政权的帝国主义、封建主义、国民党残余势力。同时，针对党内腐化这一风险重点，强调让人民当家作主来监督政府，造成一个又有集中又有民主，又有纪律又有自由，又有统一意志、又有个人心情舒畅、生动活泼，那样一种政治局面，以利于社会主义革命和社会主义建设，较易于克服困难，较快地建设我国的现代工业和现代农业，党和国家较为巩固，较为能够经受风险。这些风险应对策略不仅维护了新生政权，而且形成了当时为全世界所公认的清廉的党风政风，迅速地稳定了国家建设发展的大局。改革开放后，资产阶级自由化等一些社会思潮涌入国内，西方个别国家的和平演变成为当时中国面对的最大风险。邓小平指出："精神污染的危害很大，足以祸国误民。它在人民中混淆是非界限，造成消极涣散、离心离德的情绪，腐蚀人民的灵魂和意志，助长形形色色的个人主义思想泛滥，助长一部分人当中怀疑以至否定社会主义和党的领导的思潮。"② 江泽民强调要"充分认识国际敌

---

① 《毛泽东选集》第四卷，人民出版社 1991 年版，第 1438—1439 页。
② 《邓小平文选》第三卷，人民出版社 1993 年版，第 44 页。

对势力加紧推行和平演变对我们党的严重危险，充分认识在新情况下加强党的建设的重要性和紧迫性"①，要从思想、政治、作风、纪律和组织、制度上全面推进党的建设新的伟大工程，把党建设成更加坚强的工人阶级先锋队，不断培养造就一大批高素质的领导人才，从而在新世纪里经受住各种风险考验。同时，针对经济体制改革中两极分化的风险，邓小平多次强调共同富裕才是社会主义的目的："如果我们的政策导致两极分化，我们就失败了；如果产生了什么新的资产阶级，那我们真的走了邪路了。我们提倡一部分地区先富裕起来，是为了激励和带动其他地区也富裕起来，并且使先富裕起来的地区帮助落后的地区更好地发展。"② 这样坚持物质文明、精神文明"两手抓"策略，坚持先试点、总结经验、再铺开的渐进式改革策略，避免了社会出现大的动荡，才使得我国在苏东剧变、国际共产主义运动受到重挫的情况下，成功抵御住了和平演变的风险，经受住了国内外各种风波考验，维护了社会稳定、经济增长的大局。中国特色社会主义进入新时代后，党中央在继续坚持风险应对的重点推进和过程化解的基础上，进一步强调要把控风险底线，"看到形势发展变化给我们带来的风险，从最坏处着眼，做最充分的准备，朝好的方向努力，争取最好的结果"③。从重要领域与关键环节再到重大

---

① 江泽民：《论党的建设》，中央文献出版社 2001 年版，第 2 页。
② 《邓小平文选》第三卷，第 111 页。
③ 《习近平谈治国理政》第二卷，第 60 页。

风险，党中央紧紧把握住风险生发、演变的关键，"着力防范各类风险挑战内外联动、累积叠加，不断提高国家安全能力"①，保障了国家的安全和发展。

新时代以来，面对各种风险源、风险点相互交织、耦合联动的"风险综合体"，党和政府注意以主要矛盾和关键问题，确定风险应对的重点领域与关键环节，并将防范化解重大风险作为风险应对的重中之重，坚持底线思维，"防范系统性风险，避免颠覆性危机，维护好发展全局"②。底线是事物发生负向质变的临界线，重大风险是可能迟滞或中断中华民族伟大复兴进程的全局性风险与颠覆性危机。只有科学研判、把控好风险底线，前瞻防范与精准化解重大风险，"力争不出现重大风险或在出现重大风险时扛得住、过得去"③，才能切实维护国家安全，推进中华民族伟大复兴进程。为此，党和政府以重要领域安全能力建设为重点，以风险的发生、传播、转化为关键环节，在深入分析新时代我国社会主要矛盾的转变，全面研究各领域不同风险及其生发演化规律的基础上，提出要"统筹国内国际两个大局、发展安全两件大事，既聚焦重点、又统揽全局，有效防范各类风险连锁联动"④ 的策略，并划定了包含国内、国际的政治、金融、意识形态、社会治理、军事等领域在内的重大风险图谱，以及囊括系统

---

① 《习近平谈治国理政》第三卷，第 217 页。
② 《十八大以来重要文献选编》（下），中央文献出版社 2018 年版，第 401 页。
③ 《习近平谈治国理政》第二卷，第 81 页。
④ 《习近平谈治国理政》第三卷，第 222 页。

性金融风险底线、民生保障底线、生态保护红线、环境质量底线等一系列风险底线。风险评估和动态监测预警的强化，应急预案体系的健全，精准治理的实施，"外防输入、内防扩散"的疫情防控，精准扶贫、共同富裕的推进，坚持"六稳""六保"，保障群众的基本生活与基本公共服务等一系列具体化、可操作的举措，稳住了经济基本盘，兜住了民生底线，确保了社会大局稳定。

（三）"重创新""用法度"的风险手段观

惟创新者进，惟创新者强，惟创新者胜。创新思维强调主体勇于突破、开拓进取的能动性，是在实践基础上超越陈规、随事而制，用新思路开展工作；是在继承的基础上勇破旧习、因时而变，用新方法解决问题。中国共产党人一向不迷信经验、不迷信本本、不迷信权威，在应对风险的过程中一直秉持创新思维，实事求是地研判风险状况，坚持因时而变、因势而新，不断突破旧有观念，积极以法律制度、科学技术手段为主创新风险治理方式，风险应对手段由传统到现代、由单一向综合发展，不断开创了风险应对的新局面。

法律制度的完善能够提升风险应对的可持续性，实现风险防范化解的常态化、规范化。革命战争时期实行的"三三制"巩固了抗日民族统一战线，为最终抗日战争的胜利奠定了基础。新中国成立后，为解决以人民内部矛盾为主的新风险，党和政府又创造性地提出实施了"人民调解制度"。20 世纪 60 年代，毛泽东将诸暨县枫桥镇创造的"发动和依靠群众，坚持矛盾不上交，就地解决"的做法升华为化解基层矛盾的"枫桥经验"，"要各地仿效，经过试点，推广去做"①。改革开放后，面对经济文化等领域新出现的消极因素招致的各种风险，邓小平明确提出"学会使用法律武器同反党反社会主义的势力和各种刑事犯罪分子进行斗争"②。坚持"有法可依，有法必依，执法必严，违法必究"，靠法制维护大局稳定。党的十五大和十六大还确立了依法治国、依法执政理念，将法治上升到治理国家基本方略的高度，成为国家长治久安的重要保障。2003 年抗击"非典"的过程中，党中央就是通过制定、运用相关法律法规为战疫成功提供了保障。新时代以来，党中央多次强调"真正实现社会和谐稳定、国家长治久安，还是要靠制度"③，"要打赢防范化解重大风险攻坚战，必须坚持和完善中国特色社会主义制度、推进国家治理体系和治理能力现代化，运用制度威力应对风险挑战的冲击"④。通过完善风险治理的领导制度、责任制度、风险监测评估机制、预报预警机制、防控协同机制等，保障国家安全的体制机制不断健全，风险应对的制度能力不断提高。从完善制度、加快立法，到搭建平台、建立健全长效机制，风险防控日益常态

① 《建国以来毛泽东文稿》第 10 册，中央文献出版社 1996 年版，第 416 页。
② 《邓小平文选》第二卷，人民出版社 1994 年版，第 371 页。
③ 习近平：《论坚持全面深化改革》，中央文献出版社 2018 年版，第 47 页。
④ 《习近平谈治国理政》第三卷，第 113 页。

化、规范化。如《国家安全法》的修订实施，政治领域提出的发展全过程人民民主，《中国共产党纪律处分条例》《中国共产党巡视工作条例》等管党、治党制度的制定和修订，扩大了人民的有序参与，遏制了腐败，提升了政治安全水平。社会领域通过完善社会稳定风险评估机制、立体化社会治安防控体系、维护群众合法权益的体制机制等，预防和化解了社会利益矛盾冲突。生态领域通过建立资源环境承载能力监测预警机制，健全自然资源资产产权制度、用途管制制度、有偿使用制度，实行环境保护责任制度等，为打好蓝天、碧水、净土保卫战提供了制度保障。

现代科学技术的运用可以为风险治理提供有力支撑，优化风险治理过程。科技不仅能拓展风险防控的方法和手段，提升风险监测预警的精准性；而且能把控风险防控的过程，提高风险应对预案的科学性，有效防止风险的外溢和转化。突破发展瓶颈、解决深层次矛盾和问题，根本出路在于创新。有效应对风险离不开科学发展和技术创新，党和政府也一直重视以科技手段为风险应对赋能。特别是随着现代科技革命的迅猛发展，以科技资源的优化整合、关键领域的科技自主创新、核心技术的掌控、体系化的技术布局、技术装备瓶颈的突破，提高风险应对水平，确保国家安全，已经成为党和政府的共识。通过运用大数据、云计算等信息技术精准识别风险，通过数据挖掘、数据共享突破信息壁垒，推进风险治理决策的专业化、精准化；借助物联网、智慧系统，实现风险治理资源的深度整合与协同，从而提高风险防控的效率和效果，也已经成为党中央为推进风险治理的信息化、智能化、精细化、精准化的重要手段。不过，鉴于科技的"双刃剑"效应，在积极吸收、利用先进技术的同时，还要努力掌控技术话语权，防范、化解相应风险。随着"能源安全、粮食安全、网络安全、生态安全、生物安全、国防安全等风险压力不断增加，需要依靠更多更好的科技创新保障国家安全"①，在抗击新冠疫情期间，疫苗的快速自主研制与应用，"健康码""行程码"的推出，就是以科技创新保安全、稳发展的成功实践。

（四）"抓少数""靠群众"的风险主体观

人是最可宝贵的力量。不论是落实风险应对的战略和策略，还是把握风险应对的重点与手段，最终还要靠人的有效行动。"我们党在内忧外患中诞生，在磨难挫折中成长，在战胜风险挑战中壮大，始终有着强烈的忧患意识、风险意识。"② 作为重要的思想方法和工作方法，忧患意识体现了直面问题、奋发进取的精神，居安思危、勇于担当、主动作为，是党一直以来对广大干部的要求，也是有效应对风险挑战的重要主体条件。同时，一切为了群众，一切依靠群众，不断增强广大群众的风险意识，不断提升全社会协同应对风险的合力，也是中国共产党和政府成功应对风险的重要经验和法宝。

---

① 《十八大以来重要文献选编》（下），第 335 页。
② 《习近平谈治国理政》第三卷，第 96 页。

忧患意识是自觉运用马克思主义基本原理，基于对国家社会发展深层问题的科学预判而产生的一种危机忧思情怀；是深刻把握事物发展由量变到质变的"度"，基于对客观现实矛盾的科学分析而产生的一种风险防范意识；是清醒认识发展成就与潜在问题的对立统一，基于对国家、民族的使命感而产生的一种责任担当精神。"我们共产党人的忧患意识，就是忧党、忧国、忧民意识，这是一种责任，更是一种担当。"① 革命战争年代，为争取国家民族独立、建立新社会，党员干部始终冲锋在前。新中国成立后，在国家各条建设战线上，"党员干部先锋岗"坚持率先垂范。一直以来，党以强烈的忧患意识，不断强化各级领导干部应对风险的主体责任。新时代以来，随着国际力量对比的调整，国内社会主要矛盾的转换，以及"两个大局"的交汇，我国发展的内外风险空前上升。为有效应对风险，党中央要求各级领导干部要增强忧患意识，担负起维护国家安全、社会安宁、人民安康的责任，把坚持总体国家安全观、防范化解重大风险，作为一种政治责任，从最坏处准备，努力争取最好结果，做到有备无患。"于安思危，于治忧乱。"要把人民安危置于最重要位置，实施和强化风险治理的"党政同责、一岗双责、失职追责"，将"促一方发展、保一方平安"的政治责任落到实处。各级领导干部要增强忧患意识，居安思危、知危图安，牢记党所肩负的历史使

① 中共中央党史和文献研究院：《习近平关于防范风险挑战、应对突发事件论述摘编》，中央文献出版社 2020 年版，第 6—7 页。

命，将维护安全稳定作为政治责任，"把自己职责范围内的风险防控好，不能把防风险的责任都推给上面，也不能把防风险的责任都留给后面，更不能在工作中不负责任地制造风险"①。习近平总书记还特别强调："防范化解重大风险，是各级党委、政府和领导干部的政治职责，大家要坚持守土有责、守土尽责，把防范化解重大风险工作做实做细做好。"② 要担负起防控风险的责任，必须有驾驭风险的斗争本领。党中央要求领导干部要发扬斗争精神，以无私无畏的勇气直面风险，以坚韧不拔的意志应对风险，以科学务实的行动战胜风险。要增强战胜风险的斗争本领，就要"科学预见形势发展的未来走势、蕴藏其中的机遇和挑战、有利因素和不利因素，透过现象看本质，抓好战略谋划，牢牢掌握斗争主动权"③。不仅要让干部学习掌握相关理论，而且要"有组织、有计划地把干部放到重大斗争一线去真枪真刀磨砺，强弱项、补短板，学真本领，练真功夫"④。提高理论储备与实践磨炼，使其能在复杂风险形势下把握大势，见微知著，善于在风险中捕捉和创造转机，最终战胜前进道路上的风险挑战。

　　一切为了人民、一切依靠人民，是中国共产党战胜一切风险

---

① 习近平：《论坚持全面深化改革》，第183页。

② 《习近平谈治国理政》第三卷，第223页。

③ 《习近平关于全面从严治党论述摘编》，中央文献出版社2021年版，第296页。

④ 《习近平关于全面从严治党论述摘编》，第296页。

挑战的根本保证。紧紧依靠人民，充分调动广大群众的积极性、主动性和创造性，最大限度地协同全社会力量，才能凝聚起风险防控的群众智慧，汇聚起维护国家安全的强大合力，迅速高效地防控风险、化解危机。革命战争年代，正是依靠和发动群众，才创造了地道战、地雷战、小车推出来的胜利等奇迹。正如毛泽东所言：今天我们之所以有力量，是因为全国人民的团结。邓小平也反复强调要依靠人民群众的力量应对风险，"只要我们信任群众，走群众路线，把情况和问题向群众讲明白，任何问题都可以解决，任何障碍都可以排除。"① 胡锦涛还提出应"全面提高全社会风险防范意识、技能和灾害救助能力"②，提升群众的风险认知水平。新时代以来，面对风险复杂多变的新形势，党中央进一步强调要"增强全党全国人民国家安全意识，推动全社会形成维护国家安全的强大合力"③。为此，党和政府也愈加重视提升广大群众的风险意识，设立了"国家安全教育日"，提出了系统的国家安全教育策略，即完善公民安全教育体系，推动安全宣传进企业、进农村、进社区、进学校、进家庭，加强公益宣传，普及安全知识，培育安全文化，开展常态化应急疏散演练，支持引导社区居民开展风险隐患排查和治理，积极推进安全风险网格化管理，群众对风险的预判与反思能力，以及积极

---

①　《邓小平文选》第二卷，第 152 页。

②　胡锦涛：《在抗震救灾先进基层党组织和优秀共产党员代表座谈会上的讲话》，《人民日报》2008 年 7 月 1 日。

③　《习近平谈治国理政》第三卷，第 39 页。

应对风险的良好心态日渐强化。党和政府还以不断提高人民群众的安全感为目标，完善风险防控的社会协同机制；从群众最关心的现实安全问题入手，调动各方力量协同风险治理；以中华民族共同体意识凝聚人民，扩展与社会组织的合作共治，建立起党的集中统一领导与群众广泛参与相结合的风险治理模式；实施风险的联防联控、群防群治，构建了全民参与的"大安全"格局，以筑牢风险应对的人民防线，为打赢防范化解重大风险的人民战争、保障社会的安定有序和国家的长治久安奠定基础。

中国化马克思主义风险观始终坚持把维护好人民利益放在首位，始终坚持以做好自己国家的事为第一要务，发扬全过程人民民主，不断加强和改进党的建设，实现了马克思主义风险应对理论与实践的创新发展。特别是新时代以来，党在总揽风险应对的历史、现实和未来的基础上，运用马克思主义的立场观点方法把握风险综合体，坚持总体国家安全，风险应对策略从局部到系统，风险应对重点由面及点、点面结合、把控底线，风险应对手段由传统到现代，风险应对主体由单一到一核多元，有力促进了重大风险的防范化解，"经受住了来自政治、经济、意识形态、自然界等方面的风险挑战考验"，保障了中国式现代化与中华民族伟大复兴的顺利推进。

第三节 风险境遇下的责任伦理

不同类型的责任都具有责任和权利、自我责任与社会责任、积极责任和消极责任、强制性与自觉性辩证统一的共同特征。责任伦理所蕴含的这些特质，有利于实现权利与责任的平衡，能降低"有组织的不负责任"现象，对降低与化解各类社会风险，保障社会的秩序与繁荣具有特殊价值。

一、责任观变迁沉淀责任伦理特质

责任源于人的社会性本质，其核心是法律或道德上的义务。责任包含六个要素，根据不同的标准，责任可以分为多种类型，但都具有以下的共同特征：责任与权利辩证统一，自我责任与社会责任辩证统一，积极责任和消极责任辩证统一，强制性与自觉性辩证统一。中国传统的责任观念包含家庭责任伦理、人际责任伦理、社会责任伦理、行业责任伦理和环境责任伦理，为责任研究提供了丰富的思想资源。西方的责任观念自产生至今，经历了"习俗伦理责任""类理性责任""道德责任"三种责任形态，责任重心逐渐转向具体的个人。责任伦理能提升人们的责任意识，推动价值理性的彰显，促进个体责任与群体责任的统一，强调无条件的责任自觉，从而实现权利与责任的平衡，降低"有组织的不负责任"现象，保障社会的秩序与繁荣，对降低社会风险具有重要价值。

责任观念在中国传统社会占据重要地位，诸如孔子的"当仁不让"，孟子的"舍我其谁"，张载的"为天地立心，为生民立命，为往圣继绝学，为万世开太平"，李大钊的"铁肩担道义"等思想，都展示了中国人独特的责任伦理观念。这其中既包含了详尽的父慈子孝、兄友弟恭的家庭责任伦理观念，修己安人、仁者爱人的人际责任伦理观念，天下兴亡、匹夫有责的社会责任伦理观念；也涉及了重义济世的行业责任伦理观念，爱惜万物的环境责任伦理观念，为今天的责任研究提供了丰富的思想资源。

在家庭责任伦理观念方面，中国传统社会提出了"五教""十义""五伦"等要求。"五教"，即"父义""母慈""兄友""弟恭""子孝"。"十义"，即"父慈、子孝、兄良、弟悌、夫义、妇贞、长惠、幼顺、君仁、臣忠"。"五伦"，即"父子有亲，君臣有义，夫妇有别，长幼有序，朋友有信"。这些责任伦理要求规定了父子、夫妻、兄弟等为核心的基本家庭成员间的责任和义务，家庭成员只有履行了这些责任，才能达到古人所谓的"齐家"。

在人际责任伦理观念方面，中国古代思想家主张修己安人、仁者爱人。修己，即提高自身的修养，就是对自己负责；安人，即使他人安乐，就是对别人负责。也就是说，人生于世，不仅要对自己负责，还要对他人负责。与此同时，还要做到"仁爱"和"兼爱"。践行"老吾老，以及人之老；幼吾幼，以及人之幼"；"有力者疾以助人，有财者勉以分人，有道者劝以教人"；"己欲立而立人，己欲达而达人"；"己所不欲，勿施于人"，真正做到推己及人、兼爱天下，设身处地为他人着想，同情与爱助他人。

在社会责任伦理观念方面，中国古代思想家提出要"以天下为己任"，主张"先天下之忧而忧，后天下之乐而乐"，倡导"天下兴亡，匹夫有责"，就是为了实现"治国、平天下"。对社会、对国家富有责任精神是中华民族的优良传统，只要对社会和国家有利，即使牺牲自己的生命也心甘情愿。林则徐不顾个人安危禁烟抗英，虽遭革职充军，却言"苟利国家生死以，岂因祸福避趋之"，就表达了他对社会、对国家、对民族的责任义不容辞的坚决态度。

在行业责任伦理观念方面，中国古代思想家提出了信义为本的行业责任伦理思想。医者，追求悬壶济世、救死扶伤；商者，推崇诚实守信、童叟无欺；仕者，遵从清正廉洁、公正无私等等，形成了信义为本的行业责任伦理精神，各行各业都倡导"见利思义""利以义取""义以为上"。

在环境责任伦理观念方面，中国古代思想家提出了民胞物与、寡欲节用的环境责任伦理思想。中国传统文化以"天人合一"来阐释人与自然的关系，因而生成了尊重自然，爱惜一切与人类生活相关事物的环境责任伦理思想。人们奉行贵生戒杀、寡欲节用、道法自然的生活准则，自觉地负起保护自然生态环境的责任。

中国传统的责任观念，尽管在理论上达到了相当的高度，遍布于社会生活的方方面面，表现出了一种崇高的责任伦理，对和谐人际关系、促进社会进步具有积极作用。但在实践层面上，这些责任观念不仅难以在当时的阶级社会里充分实现，而且还存在着以下一些不足：一是忽视社会对个体的责任，造成社会与个人的责任失衡；二是责任的亲缘性阻碍了公德的发展，责任的泛化又导致践行困难。传统的责任观念强调个人对社会的责任，却很少甚至没有提出社会对个人的责任。这种单向的责任关系，限制了个人对社会应负责任的诉求，延缓了社会的发展进步。传统社会的人情本位，也使得陌生人间的契约责任难以普遍化。这种熟人社会还将私德等同于公德，不利于培育现代社会发展需要的公德意识、公民责任。传统社会重视责任，对个人的责任要求常常是强制性的，甚至超出个人的能力范围，而且责任要求又往往很形式化，导致人们对自身肩负的具体责任认识模糊或难以认同，责任自然也就落不到实处。这也是今天人们的责任感弱化，道德冷漠的重要原因。

西方的责任观念自产生至今，经历了"习俗伦理责任""类理性责任""道德责任"三种责任形态的变迁。从古代社会基于自然的社会文化结构，到现代社会关注自由、重视职业责任的人类自身，再到后现代社会基于意志自由的个体道德责任，显示了责任重心从外在的社会结构逐渐转向具体个人的发展趋势。

人的责任源于社会角色，传统社会中人的社会地位与角色是习俗性的，所以人对社会结构所负的责任属于"习俗伦理责任"。亚里士多德认为个体的德性就是对社会责任的履行，强调个体能否负责是与他的知识密切相关的。他还从人性的角度出发，指出人的自由包括理性的自觉与欲望或意志的自愿，而自由的道德主体是自己行为唯一的责任承担者。西塞罗认为人能凭借理性，通过思想和有德性的行为履行道德责任，达到道德上的善。在其《论责任》一书中，将责任分为"普通责任"和"绝对责任"。前者是人们普遍都要担负的责任，是通过人的善良本性和学习可以认识并实现的；而后者则只有具备完满的智慧的人才能了解并实现，也就是一种道德责任理想。他还认为在具体社会文化环境里，践行责任应遵循对不朽的诸神负责、对国家负责、对父母负责、对其他人负责的顺序。①

进入现代社会，人在社会结构中的角色与自由、权利等问题密切相关，社会结构也是人类的理性构造物，个体的责任就发展成为基于外在自由的"类理性责任"。康德将责任视为一切道德价值的源泉，认为只有出于责任（义务）的行为才有道德价值。

---

①　［古罗马］西塞罗：《论老年　论友谊　论责任》，徐奕春译，商务印书馆 2003 年版，第 136 页。

德性的力量在于排除来自主体爱好和欲望的障碍，以便主体担负起自己的责任。他把责任建基于人的理性，指出责任的最终依据就在人自身的自由意志，责任是尊重道德法则的必然行为。① 穆勒提出，外在的功利目的是个人履行责任的原因，责任行为的选择就是看是否能实现"普遍幸福"。② 他以工具理性为主导，把责任问题变成了对行为结果的算计，部分地消解了责任的道德性质。马克斯·韦伯在其《以政治为业》的演讲中，提出和区分了"责任伦理"与"信念伦理"，认为在政治行为领域中应当倡导推行责任伦理，以摆脱科层制度的束缚。在韦伯的责任伦理看来，一个行为的伦理价值与评价只取决于行为的后果。所以，个体应对后果负责，并以后果的"善"补偿或抵消手段不善的副作用。

后现代社会的个体化，使得责任解除了外在结构的要求，走向道德责任。20 世纪六七十年代的社会运动之后，民主政治在西方得以确立，基于"类"的责任伦理思想，逐渐被基于主体意志自由的道德责任所代替。居友认为责任就是人对自己负责，这是一种主动的、自证的责任。道德责任的产生是因为"生命只有在扩散自身中才能维持自身"③。萨特的存在主义强调责任

---

① ［德］伊曼纽尔·康德：《道德形而上学原理》，苗力田译，上海世纪集团 2002 年版，第 12—17 页。
② ［英］约翰·斯图亚特·穆勒：《功利主义》，叶建新译，九州出版社 2007 年版，第 41 页。
③ ［法］居友：《无义务无制裁的道德概论》，余涌译，中国社会科学出版社 1994 年版，第 98 页。

的自我承担，认为人自己承担责任的根源在于人的行为是自己自由选择的，因此，人就该对所选择的行为的后果负责。不仅如此，人还应该对自己成为什么样的人承担责任，这就是说，人首先应当承担责任，然后还要按照其所承担的责任行事。萨特认为责任与自由相伴而来，责任无处不在，无时不有。独立进行行为选择，独立承担相应责任，是人实现成长的重要标志，每个人都应该为自己负责。列维纳斯主张无条件地为他者承担无限责任，认为这正是自己主体性的表现。强调个体为他者和自己负责，这是后现代社会个体化特征的表现。鲍曼认为，如果不考虑外在社会结构对人的强制性要求的话，个人的道德责任就显得尤为重要了。汉斯·约纳斯在其著作《责任原理》中，针对当今时代因为科技的迅速发展带来的种种生态破坏，主张责任不应当仅仅局限于"此时"的存在状态，而且还应该将责任的时间范围进行延长，应当把遥远的未来都纳入到责任的关照中。他还从这个角度论证了人对自然的责任，提出照此行动，才能使人的行为的效果与人类永恒的真正生活相一致，即"如此行动，以便你的行为的效果不至毁坏未来这种生活的可能性"①。欧文·拉兹洛在其《第三个 1000 年：挑战和前景——布达佩斯俱乐部第一份报告》中指出人类的发展正在逼近地球的承受界域，要接受和履行落在我们肩上的多种责任。此外，美国特里·库珀的《行政

---

①　Hans Jonas, *The Imperative of Responsibility*: *Insearch of an Ethics for the Tecchnological Age*, Chicago: University of Chicago Press, 1985.

伦理学：实现行政责任的途径》，英国约翰·M.费舍尔和马克·拉威泽的《责任与控制：关于道德责任的理论》，汉斯·昆的《全球责任》等，针对当代社会权利与义务、责任的失衡问题，进一步强调了责任的重要性。

西方的责任观念与中国相比，存在着主体承担的责任范围更小、责任后果归因更直接具体的差异。西方社会具有浓厚的个人主义传统，强调个人对自己负责，并以突出个人责任来实现集体目标，倾向于对事件和行为的最直接结果承担责任。而中国社会的集体主义传统，则强调对社会负责，承担责任的方式也以他人取向的面子为主导。因而不仅要对事件和行为的最直接结果承担责任，而且还对间接的、末梢的结果承担了更多的责任，容易导致责任泛化而难以落实。西方责任观还倾向于把担负责任的成功归因于能力和努力等内控因素，而把失败归因于运气、任务难度等外控因素；中国责任观则倾向于把承担责任的成功与失败都归因于个人的能力和努力等内控因素，有时难免失之客观。统而观之，单纯强调个人责任或是集体责任都不利于责任的实现，必须使二者达到一种平衡的统一。同时，确立和发展人的主体性，培育真正的责任主体，建立起责任与权利相统一的机制，才能保证责任的实现。

责任源于人的社会性本质，是社会成员为了保证社会和谐、稳定运行和个体的生存发展，根据社会需要和个人能力而承担的社会任务。人总是处于一定的社会关系之中，人们之间客观的社会联系，如社会分工等，决定了每个人都要肩负起自己的责任，这是社会生活对现实的人的必然要求。康德说，不负任何责任的东西，不是人而是物。每个人只有切实担负起其特定的责任，社会生活才能正常进行，个体也才能得到正常发展的环境。所以，从社会发展的角度看，责任是社会对其成员的行为、交往乃至思维方式的一种外在规定；而随着主体对责任的被动履行，这种规定逐渐被主体认知、领悟并接受，进而内化为自我的行为规范，责任也就由一种外在的社会规定，演变为一种内在的自我规定。主体的这种自我规定，会产生强大的内趋力，促使其自觉地履行相应责任。作为一种内化了的思维方式和行为规范，责任表现为主体的责任意识和责任感，它的形成并非简单地、机械地"写入"主体的认知结构，而是经由主体的建构、诠释和价值判断，由服从到内化的渐进的、习得的过程。

尽管责任的类型多种多样，但都具有以下的共同特征：

首先，责任凸显主体的自主自决性，即主体根据自身的需要，通过理性思考、权衡、比较后作出主动选择，并承担选择的后果。责任的存在前提是主体的意志自由，即主体自主自决的能力。意志自由让主体具备了对行为后果进行价值判断，并进而据此实现行为选择的可能性。责任总是和权利联系在一起，二者是辩证的统一。一方面，权利是责任的重要保证，没有自主性的权利，就无法自觉自愿地选择和承担责任；另一方面，权利的获得也是建立在他人责任的履行基础上的，一种责任的履行往往对应的是一种权利的享有。正是对人应行之责任的强制，保障了人自由追求自身利益的权利。正是在这个意义上，马克思说："每个人的自由发展是一切人的自由发展的条件。"① 而且，责任的核心是法律或道德上的义务，"没有无义务的权利，也没有无权利的义务"②。权利与义务、责任相统一是落实责任的重要保证。就人类整体而言，如果只强调权利和自由，而不顾及责任和义务，就会导致资源浪费、生态破坏，经济社会发展不可持续。

其次，责任伦理具有突出的整体共生性，责任是自我责任与社会责任的统一，不仅关注自身问题，而且关注社会的整体。每个生活于社会中的人，都面临着与自我的关系和与他人的关系。这也就意味着个人在责任问题上存在着为己与为他两个向度，既要对自我负责，也要对他人负责。而且，"自我惟有自觉地承担起对自身的义务，以自我的潜能的多方面发展与自我完善为自身的责任，才能提升到道德之境并作为道德自我而承担对他人的义务"③。某种意义上，社会责任就是他者责任的集合。儒家言成人成己、修己安人，就是说为他即为己、为己即为他，自我责任与社会责任相辅相成。"人们在今天的发展阶段上只能在社会内部满足自己的需要，人们从一开始，从他们存在的时候起，就是

---

① 《马克思恩格斯选集》第1卷，第294页。
② 《马克思恩格斯选集》第2卷，人民出版社1995年版，第173页。
③ 杨国荣：《伦理与存在》，上海人民出版社2002年版，第116页。

彼此需要的，只是由于这一点，他们才能发展自己的需要和能力等等。"①

第三，责任伦理含有突出的未来指向性，责任的担负不仅指向现世的个人与社会发展的底线要求，而且蕴含对未来人类社会顺畅发展的关注与保障。这种责任是积极责任和消极责任的统一，消极责任也称客观责任，即主体应保证自身的生产、生活行为符合自身的社会角色和相关法律法规的要求，否则就会受到社会强制性的惩处，它源于社会对主体的角色期待；而积极责任也称主观责任，则要求主体主动自觉地投身于不以个人利益为目标的推动社会进步的善行义举之中，它源于主体的道德良知和认同信仰。主体在责任感的驱动下，在利益矛盾的选择中主动舍弃自己的某些利益，通过践行责任利益成全他人或社会利益。这种超越了主体自身利益得失的行为，不是所有主体都能做到的，属于高尚的道德层面的责任，是社会所倡导追求的，但却不是刚性的要求。以刚性的法律责任为代表的主观责任构筑了责任的底线，而以柔性的道德责任为代表的积极责任则建构了责任的多层次的目标。两者的统一使责任能够包容更多层次的主体，也让不同的责任主体都可以有自己的责任追求的目标与空间。

第四，责任是强制性与自觉性的统一。责任的强制性是指主体在履行责任过程中，要无条件地承担自己造成的后果，这在法

---

① 《马克思恩格斯全集》第42卷，人民出版社1979年版，第360页。

律责任层面体现得最为明显。法律责任强制性集中表现为责任追究制度，以此为依据对不负责任的行为进行处罚，达到惩戒、威慑、教育失责主体的目的。责任的自觉性是指主体责任的自觉遵守和自愿履行，是对享有权利的主体一种必然要求，道德责任突出地体现了责任实现的这种自觉性。道德责任不是源于外在的限制，而是来自内心的"应当"，是自我昭示、自我提醒、自我约束和自觉履行的，主体的自明性和自觉性是道德责任的突出特征。责任的强制性和自觉性统一于责任实践，强制是自觉的手段，而自觉则是强制的目的。一方面，社会的正常运行要求完善责任约束机制，运用行政、法律等手段规范约束主体践行责任；另一方面，主体践行责任的行为将唤起和强化主体的责任意识，日益增强的责任感使"人们对于人类一切公共生活的简单的基本原则就会很快从必须遵守变成习惯于遵守了"①。也就是说，责任的强制性使履行责任的行为固定化为一种习惯时，法律责任就转化为了道德责任。

此外，不同时代的价值观念不同，责任也具有不同的特点。但不管是什么样的责任，都需要主体的主动参与和承担，都要以主体对的责任认知为前提，以主体的责任能力为支撑。所以，只有科学地认识责任，自由地选择责任，合理地承担责任，自觉地履行责任，才能在时代的发展中实现对自己负责和对他人及社会

---

① 《列宁选集》第3卷，人民出版社1995年版，第203页。

负责的统一。

二、风险境遇凸显责任伦理的价值

自启蒙运动以后，随着天赋人权的深入人心，对权利的推崇使本该统一的权利与责任失去了平衡，人的责任意识日渐淡薄甚至丧失，结果导致人与人、人与社会、人与自然的关系日益紧张。从这个意义上说，责任伦理的淡化乃至缺失，是造成当前生态恶化、环境污染、社会冲突等全球风险境遇的重要原因。因而，需要重新评估责任伦理的价值，并确立相应的责任机制，以化解风险并保证人类的可持续发展。

首先，责任伦理能促进人对自己的权利与责任进行反思，提升人们的责任意识，实现权利与责任的平衡，从而降低社会风险。在责任伦理的视野中，权利与责任是辩证的统一体。有权利的地方必然伴随着相应的责任，个体在选择某种行为、享有某种自由的同时，必然毫无疑问地要担当某种责任。但主体在享受现代性带来的各种权利时，却有意无意地弱化甚至丢弃了责任。这种权利与责任的背离，不仅导致了人与人、人与社会、人与自然的关系失去和谐，而且造成了很深的社会价值危机。所以，要想应对社会风险，就应重新发扬责任伦理的作用，逐渐提升人的责任意识。"能够深深打动人心的，是一个成熟的人（无论年龄大小），他意识到了自己行为后果的责任，真正发自内心地感受着这一责任。然后他遵照责任伦理采取行动"①，这种具有充分主体性和高度的责任意识的人，能够理性地看待自身利益与社会利益的关系，在享有正当权利的同时，也敢于和善于为自己的行为后果担责。

其次，责任伦理能推动价值理性的彰显，克服工具理性的弊端，降低社会风险。现代化过程中，科学技术突飞猛进，工具理性大行其道，谋求更多的物质利益成为了终极目标。这种对工具理性主义的极致推崇，造成了科学精神与人文精神、物质文明与精神文明的割裂，导致了前所未有的价值困境，社会上一些人存在的焦虑、迷茫就是这种困境的反映。价值理性强调人的存在价值，将人类的生存与发展作为理性思维的前提，追求科学和人文的和谐统一，标志着人类精神的成熟。责任伦理强调人的理性在责任实现中的作用，但这种理性是价值理性与工具理性的统一，是以谋求真善美的统一为终极目标的。所以，责任伦理可以克服工具理性主义的弊端，促进价值理性的彰显，而让自然与社会、物质与精神、科学与人文、理性与非理性达到有机的统一，减少片面功利性实践可能招致的风险。主体遵从价值理性与工具理性的统一承担责任，就会在事实领域与价值领域的联系中进行合理的选择，在谋求个体利益、局部利益的同时，对更大范围的公共利益担负责任。

---

① ［德］马克斯·韦伯：《学术与政治》，冯克利译，生活·读书·新知三联书店1998年版，第116页。

第三，责任伦理能促进个体责任与群体责任的统一，廓清不同类型的责任，降低"有组织的不负责任"现象，保障社会的秩序与繁荣。责任伦理与信念伦理不同，它更强调人"尽己之责"的担当精神，强调人对自己行为后果，尤其是消极后果承担起责任。这种高度负责的精神，会逐渐养成人担当责任的习惯，有利于培养符合现代社会需要的责任主体。人的社会性本质决定了他人是个体生存发展的条件，所以个体不仅要对自己负责，还要对他人负责。作为社会实践活动的直接承担者，个体以各种不同的生产方式与群体和社会发生联系。但当今社会系统的庞大复杂，让个体往往湮没于大大小小的群体之中。而责任的泛化和模糊，正是"有组织的不负责任"的肇因。个体责任的实现是群体责任、社会责任乃至人类责任实现的基础，只有清晰厘定每一个个体的伦理责任，才能克服"有组织的不负责任"，让群体责任乃至社会责任真正落到实处。现代社会这种差异化的个体责任中最常见的就是职业责任，责任伦理要求个体严格恪守其岗位职责，理性而审慎地进行行为选择，避免可以预知的不良后果。个体只要切实履行自己的角色责任，始终对他人、对社会抱有一份高度的责任感，就能在推动人类文明进步的过程中实现自己的价值。"人的个人限度首先是由他的责任感决定的，不仅是对自己，而且包括对别人的责任感。"①

---

① ［苏］科恩：《自我论》，佟景韩、范国恩、徐宏治译，生活·读书·新知三联书店 1986 年版，第 460 页。

　　第四，责任伦理强调人类整体的责任，对缓解人与自然关系的紧张，降低生态风险有重要价值。人作为责任主体可以有类主体、群体主体及个体主体的样态存在，因而就存在与这些责任主体类型对应的人类整体责任、群体责任和个体责任，其中人类整体责任是现代社会责任伦理强调的重要方面。整体责任就是主体不仅要对自己负责，对他人负责、对集体和社会负责，还要对自然和人类的未来负责。这种责任模式以未来要做的事为导向，有利于在整个社会培养建立一种风险防范意识。作为一种"预防性的责任"，责任伦理不仅对已经发生的事情负责，而且还对未发生的事提前负责。随着文明的不断进步，这种整体性责任的范围会逐渐扩展，从组织责任、社会责任到全球责任，再到关系到我们子孙后代的生存发展的自然责任，人自身的责任不断加重。个体必须以对社会和自然高度负责的精神，合理选择自己的行为方式，减少总体的社会风险。

　　此外，责任伦理强调无条件的责任自觉，这种自律性有助于降低社会风险。主体的伦理自主性是确立和践行责任的基础，体现了主体责任的高度自觉性。在践行责任的过程中，主体为自身制定道德法则，并且自觉遵守这一法则。责任伦理要求对客观世界及规律的认识，主体需要理性地认识客观世界，探索并把握其发展规律，并基于对规律的认识而实施行为选择，这就大大降低了主体行为的盲目性和潜在风险。责任伦理还是一种全过程伦理，贯穿于整个行为过程，涵盖事前、事中、事后，囊括行为的决策、执行和后果。因而，责任伦理的登场，可以有效地预防风险的发生，减少风险的总量，减轻风险的损害后果。

第二章　政府生态责任的生成与拓展

政府生态责任是政府担负的保护和治理生态环境，引导企业、公众和社会组织参与生态环境治理，保证生态平衡环境友好与社会可持续发展的责任。其在性质上具有全局性和保障性，在范围和实现方式上具有整体性和协作性，在内容上具有层次性和综合性。在生态环境治理过程中，政府生态责任在理念教育、制度建设、行为管理和对外合作等方面不断拓展。同时，生态环境的公共品性质、政府职能的日益扩展、生态现代化过程中的公民环境权诉求增长，以及从可持续发展到科学发展和新发展理论的深化，又为政府担负生态责任，进行生态管理提供了理论依据。

第一节　当代中国社会发展的风险境遇

当前中国既存在前工业社会的传统风险，也存在工业社会以及后工业社会的风险。面临的各类风险涉及经济、政治、文化、社会和生态各领域，具有多发性、复合性、结构性和利益性的突出特征。特别是其中的生态风险，不仅阻碍了经济的持续快速发展，影响了社会的和谐稳定，危及到了公众的生命健康，而且对政府的公信力造成了一定冲击，是产生经济风险、政治风险、社会风险等各类风险的重要诱因，迫切需要政府有效担负起相应的责任。

一、生态环境风险的挑战与政府的责任

作为发展中大国，改革开放以来，中国的经济社会发展取得了历史性成就。随着现代化进程的推进，在生产力迅猛发展的同时，由于一度忽视了对环境的保护和对资源的有效利用，生态恶化与环境污染问题日益凸显。一段时期内以牺牲环境为代价的单纯的发展速度追求，导致了人与自然的关系恶化。松花江流域污染、京津冀雾霾等一些环境问题的发生说明，一味地追求经济的增长，不注重生态保护、环境治理和监管，只会让生态恶化、环境污染更加严重。这些问题累积到一定程度，必然导致生态环境风险甚至生态危机。一些地方的生态环境问题不仅危及公众的生命健康，甚至爆发了环境群体性事件，影响到社会的和谐稳定，迫切呼唤党和政府履职尽责，采取切实举措引导发展绿色的现代化，实现人与自然的和谐共生。

首先，环境污染和生态破坏容易诱发经济风险，需要政府协

调生态环保和经济发展。改革开放 40 多年来，中国的社会主义经济建设取得了举世瞩目的成就。无论是发展速度，还是经济总量，都名列世界经济前列。1978 年改革开放之初，我国的 GDP 仅为 1482 亿美元，而到了 2010 年，中国的经济总量就已经跃居世界第二。但与经济迅猛发展形成鲜明对照的是，雾霾频繁光临、水体污染事故、环境群体性事件、草原森林矿产等资源减少、物种多样性降低等生态环境问题日益凸显，环境质量日益下降，经济发展与资源环境的矛盾日益突出。从全国来看，虽然我国有较丰富的自然资源，但由于人口基数庞大，人均资源相对不足，生态环境比较脆弱。目前，我国的经济发展还远没有达到发达国家的水平，但由于过去对环境保护得不够，资源的有效利用不充分，环境污染和生态破坏已经比较严重，已经成为严重阻碍国家经济发展的瓶颈，甚至危及国家和民族的可持续发展，迫切需要政府理性地面对。

政府应以中国化马克思主义风险观、特别是习近平生态文明思想为指导，深刻认识生态资源环境的重要价值，树立新发展理念，转变经济发展方式，推动绿色化、低碳化经济发展，保障经济发展的可持续性。要以"绿水青山也是金山银山"理念为指导，积极发展生态经济，努力谋求绿色发展。要抓住能源和产业绿色低碳发展这个重心，通过提升环境标准，实施减污降碳与协同增效，推动能源、交通运输和产业结构的转型升级，着力构建绿色低碳循环经济体系。同时，持续加强生态环保制度建设，严格生态责任终身追责制度，完善生态补偿制度，提高政府环保管理部门的执法权限，严格环境执法，严厉打击破坏生态的行为，严格约束地方政府对污染企业的保护，为实现高质量发展提供制度保障。

其次，生态恶化与环境污染还容易引发政治风险，需要政府协调好财富分配与风险分配，减少环境群体性事件的发生。如果说财富的分配是一种对发展成果的分配的话，那么风险的分配就是一种对发展成本的分配。由于个体在社会身份、自身条件、拥有的资源、应对和抵御风险的能力等方面存在事实的差异，其实际所承担的生态环境风险是不平等的，这种不平等是引发社会矛盾与冲突的重要原因。随着工业化和城市化进程的加快，生态环境恶化与日俱增，个别地方已经影响了公众的生活。有关资料显示，自 1996 年以后，我国社会就进入到一个"环境敏感期"。公众的环保意识、健康意识愈益增强，对事关自身生命安全和生活质量的生态环境状况高度关切。与此不相匹配的是一些地方政府的生态管理职能滞后，二者间的较大落差导致公众的生态环保诉求很少得到满意的回应，进而引发了投诉、上访、环境群体性事件的上升。而一旦某地发生环境群体性行动，许多现实生存环境中有着类似经历的群体和个人，出于感同身受般的心理，也会跟随、模仿采取类似行动，进而激发出更大规模的环境群体性行动，破坏社会的和谐与稳定。基于此，政府迫切需要认识并有效履行自身的生态责任，将美丽中国建设作为重要的政治责任，对公众的生态环境治理诉求作出回应，并积极寻求有效的解决之道。政府应本着普遍安全和优先保障的原则，健全风险分配机制，加大对弱势群体的帮扶力度，继续大力推进基本公共服务均等化，严格落实生态环境保护的"党政同责""一岗双责"，使全体社会成员感觉到更少的生态风险、更好的环境和更多的安全感，增进社会的和谐与稳定。

第三，生态恶化与环境污染挑战政府的公共服务职能，需要政府强化生态产品的供给责任。新鲜的空气、干净的水作为一种生态公共品，是人生命健康的基本需求。我国的水资源本就缺乏，人均占有量仅为世界人均水平的25%。江河断流，湖泊面积缩小、甚至干枯的现象近年也有出现，如沙漠奇观月牙泉就一度面临干涸枯竭。此外，草原森林资源减少，物种多样性降低，也会造成风沙增多，加大雾霾风险。生态资源环境的公共产品属性，决定了必须由政府担负起相应责任，通过生态环境的治理恢复为公众提供优质的生态产品。

要让人们呼吸上纯净的空气，喝上干净的水，吃上放心的粮食，政府必须健全相关职能，完善相关法律法规，加强生态环境资源的保护与污染治理，打好蓝天、碧水、净土三大保卫战，并引导社会力量参与到生态环境综合治理中。生态资源环境具有系统性和整体性，这就决定了短时间内单靠某个地方政府的力量，难以实现对生态问题的有效治理，需要有长远的规划和跨地域、跨部门的全员参与的综合治理机构和机制，政府需要健全这方面的法律法规。生态环境的治理与恢复需要长时间、大量的资金投入，单凭政府财力也难以在短时间内收到效果，需要政府发挥主导者作用，鼓励、引导民间性、社会性的生态保护行动。

第四，生态恶化与环境污染风险还挑战政府的文化职能，需要政府提升自身的生态素质，引导社会形成践行生态环保理念的氛围。从已经发生的生态环保事件来看，有些是因为个别政府行政人员缺乏生态环保的知识、技能和理念导致的，也有部分是由于公众的生态责任意识不强导致的。有统计研究表明，中国公众对生态环保的认知存在两面性，一方面非常关注宏观层面的环境问题；另一方面又常常忽视在日常生活中生态环保行动。在生态环保的责任认知上，受传统的依赖政府思想影响，公众也倾向于把生态环保责任归咎于政府和企业，而对自身的责任则认识不够，存在较重的规避环保责任的倾向。这都需要政府在强化自身的生态素质的同时，从文化层面加强生态环保的教育和宣传，并通过相应的制度建设、机制建设，提升全社会的生态环保意识，推进公众生产、生活方式的转变，引导全社会形成积极践行生态环保行动的氛围。

生态治理与环境保护是一个系统工程，从时间维度上看，关涉到过去和现在、近期与长期、当代与后代的关系；从空间维度上看，关涉到地区之间、国家之间的关系；从社会发展维度看，又关涉到生态与经济、生态与政治、生态与文化等关系。着眼于这种整体性和协同性要求，社会主义生态文明观坚持整体主义方法论，坚持从系统论出发认识生态环境问题。与此相联系，各级地方政府要对生态环境的治理保护与经济社会发展的协调承担主导责任，并与其他各主体分责协同，将政府生态责任贯穿于行政决策体系中的各个环节，在经济、政治、文化、社会各个领域中统筹推进，进而达成生态环境治理与保护的目标。

第二节　政府生态责任的内涵与理论依据

政府生态责任具有全局性和保障性、整体性和协作性、层次性和综合性的特点，其生成既有马克思、恩格斯关于人与自然关系的思想、国家与社会关系理论、人的全面发展理论等为其提供理论基础，也有西方的政府职能理论、公共物品理论、公民环境权理论、生态现代化理论等为其提供理论镜鉴，更有可持续发展理论、习近平生态文明思想为其提供理论指南和根本遵循。

一、政府生态责任的涵义特质

政府生态责任主要是指在经济社会发展中，政府以科学发展观为指导，以人类未来的生存和发展为着眼点，以生态环境的承载力为依据，担负起来的保护和治理生态环境，引导企业、公众和社会组织参与生态环境治理，确保生态平衡、环境友好与社会可持续发展的责任。与道德责任、经济责任等其他责任相区别，在责任的性质、范围、内容以及实现方式上，政府生态责任都有其突出的特点，即性质上的全局性和保障性、范围和实现方式上的整体性和协作性、内容上的层次性和综合性。

（一）政府生态责任的含义

按照《辞海》对政府的解释，"政府，即国家行政，国家机构的组成部分。各国政府的组织形式和名称有所不同，但都与其政权性质相适应，是阶级专政的重要工具之一。按管辖权力范围分，有中央政府和地方政府之称。"① 在英语中，政府（government）的英文词根源于希腊文，意思是掌舵，即执掌控制社会的发展方向，其语义较之汉语要丰富得多，包含政府机关、统治工具、政体和治理方式等，强调政府的辅助性和服务性，反映了西方国家行政权力的特点、法治传统与政治信仰。思想家卢梭指出，政府是因由人民让渡给主权者的一部分自然权利而成就的。洛克也从自然权利理论出发，提出政府是"针对自然状态的种种不方便情况而设置的正当救济办法"②。而达尔则认为"政府是指在一特定领土内成功地支持了独掌合法使用武力的权力以实

---

① 夏征农：《辞海》，上海辞书出版社 1980 年版，第 1465 页。
② ［英］约翰·洛克：《政府论》（下卷），叶启芳、瞿菊农译，商务印书馆 1964 年版，第 10 页。

施法规的任何治理机构。由这一领土内的居民和政府组成的政治体系就是国家。"① 马克思主义认为，行政活动既是一种组织管理活动，又是一种国家的活动。"行政是国家的组织活动"②，"政府是由现实的少数人员组成的受一定传统、习惯、法令、规章约束公共事务管理行为的制度化了的行使公共权力的组织机构体系。"③ 可见，广义上的政府就等同于国家，强调的是与社会相对立，具体是指行使国家权力的全部机构，包括立法、行政、司法以及国家的元首等；狭义上的政府仅仅指国家政权中的行政机关，也就是不同国家所强调的国务院、内阁、首相府及其隶属机构等。

根据我国宪法规定：省、直辖市、县、市、市辖区、乡、民族乡和镇设立人民代表大会和人民政府，简称为"地方"。④ 本书中的地方政府指的主要是我国现在的纵向五级政府结构中的省级政府。这一方面是因为在实际的政府运作层面，省级政府既是中央政府制定的生态环境宏观制度与策略的主要执行者，又是市县政府具体生态治理行为的指导者、具体政策的制定者。另一方面，按照当前社会发展的信息化、数字化态势，未来政府组织结构的发展趋势必将趋于扁平化。也就是说，随着政府信息化、智

---

① ［美］罗伯特·达尔：《现代政治分析》，王沪宁、陈峰译，上海译文出版社 1987 年版，第 28 页。

② 《马克思恩格斯全集》第 1 卷，人民出版社 1956 年版，第 479 页。

③ 乔耀章：《政府理论》，苏州大学出版社 2003 年版，第 8—9 页。

④ 《中华人民共和国宪法》第九十五条。

能化治理水平的提高，信息传递的层级必将减少，未来的行政管理职能的重心应该落在省级政府上，即省直管县市。因此，本书中的地方政府落脚于省级政府上。

在现代汉语中，责任主要是指分内应做之事，以及没有做好分内之事时应该承担的后果。责任"就是特定的人对特定事项的发生、发展、变化及其成果负有积极的助长义务；就是因没有做分内的事情或没有履行助长义务而应承担的不利后果或强制性义务。"① 它包含以下六个要素：责任主体，即承担责任的个人或者组织；责任客体，即向谁负责；责任内容，即对什么行为事项等负责任；责任范围，即责任的时间、空间界限；责任效果，即责任履行的成效及相应后果；责任标准，即责任效果的评价依据。责任总是某一主体的责任，不存在脱离主体的抽象的责任。理性认知能力、自觉自控的自由选择能力是成为责任主体的基本主观条件。责任还与主体的社会角色相联系，各种社会规范要求主体承担起与自己的社会角色相适应的责任。主体的社会角色不同，承担责任的性质和内容也不同。如医生有救死扶伤的责任，政府有社会管理的责任等等。责任的核心是法律或道德上的义务，所以，道德是责任的基础，而法律则是保证责任落实的强制约束力量。根据不同的标准，责任可以划分为多种类型。按责任内容的不同，可以分为政治责任、经济责任、文化责任等；按责

---

① 张文显：《法理学法哲学范畴研究》，中国政法大学出版社2001年版，第118页。

任主体的不同，可以分为个体责任和组织责任；按责任客体的不同，可以分为对自然的责任、对社会的责任、对自我的责任等；按责任行为的性质，可以分为形式责任与实质责任；按承担责任的层次不同，可以分为因果责任、法律责任、道德责任；而按担负责任的自觉程度，又可以分为积极责任（道德追求层面的自律责任）和消极责任（法律规定层面的他律责任）等。我国1982年宪法的第一百零五条规定："地方各级人民政府是地方各级国家权力机关的执行机关，是地方各级国家行政机关"，拥有对所辖区域的管理权，并对自己的行政行为或制度设计承担责任（responsibility）。在行政活动和公共管理中，责任最一般的含义就是指与某个特定的职位或机构相联系的职责。

生态指的就是生物与环境因素的相互关系。从静态上看，它是生物与其所处的生存环境状态的一种特征。从动态上看，生物可随其生存环境的改变发生变异，不断进化、发展，从而使得这种关系越来越复杂，越来越稳定。生物与环境的关系表现为生物依存于环境又受制于环境，同时影响环境。生物系统与环境系统构成的结构与功能单元称作生态系统。生态系统是在一定的空间和时间范围内，在各种生物之间以及生物群落与其环境之间，通过能量流动、物质循环和信息传递而形成相互作用的一个统一整体。任何生态系统都具有能量流动、物质循环和信息传递三大功能，具有自我调节的能力，是一种动态的系统。在一个未受干扰和少受干扰的正常生态系统中，物质和能量的输入和输出趋于平衡，这种动态的和相对稳定的平衡关系称为生态平衡。

　　生态责任是指各类相关主体在与生态系统发生关系的过程中，所承担的保护和改善生态环境的职责，包括法律规定层面的消极责任和道德追求层面的积极责任，以及因破坏生态环境而产生的不利后果，即法律及道德上的惩罚与谴责。生态责任主体、生态责任客体、生态责任内容以及生态责任评价等是生态责任的组成要素。生态责任是一个关系概念，凸显了人的主体性以及人与自然的整体性，强调人对生态系统的积极治理，不只是要求反对污染，更要求人们主动选择一种符合自然规律的生产、生活方式。鉴于政府在当今我国社会发展中的主导作用，其必然成为生态文明建设过程中最重要的主体。① 从理论上说，政府与公众间存在一种委托——代理关系，这种关系本身就要求政府应维护和实现公共利益，而公共利益中就包含了平衡经济社会发展与生态环境保护的生态责任。同时，生态资源作为一种公共物品，其供给存在"市场失灵"的情况，这也要求政府担负起应尽的生态治理职责。由此，政府生态责任就是政府在经济社会发展中所担负的保护和治理生态环境，引导企业、公众和社会组织参与生态环境治理，确保生态平衡、环境友好与社会可持续发展的责任。政府生态责任"是政府的基本责任之一，是政府的政治责任、

---

　　① 周文翠、刘经纬：《生态责任的虚置及其克服》，《学术交流》2016 年第 1 期。

行政责任和道德责任等其他责任的一种延伸"①。

（二）政府生态责任的特点

政府生态责任与学术责任、道德责任、经济责任等其他责任不同，其在责任的性质、范围、内容以及实现方式上都具有突出的特点，即政府生态责任在性质上具有全局性和保障性，在范围和实现方式上具有整体性和协作性，在内容上具有层次性和综合性。

首先，就性质而言，政府生态责任具有全局性和保障性。与其他可以相对独立存在的责任不同，政府生态责任渗透于其他责任之中，是政治责任、经济责任、道德责任等的统一体，关系着经济、政治、文化、社会发展的全局，是政府文明进步的一种表征。生态环境的恶化是生态责任凸显的现实依据，从责任主体的角度说，政府、企业、社会组织、公众等都肩负着保护生态资源环境的责任。政府生态责任是生态文明时代赋予政府的特殊职责，是政府对社会公众的生态环境保护诉求的积极回应。由于政府自身的独特性质与公权力优势，政府生态责任具有其他主体生态责任不具备的影响力，不仅能决定国家生态环保的战略定位与整体要求，而且能保障其他主体生态责任的实现。在通过制定政策、法规践行其生态责任的过程中，政府不仅为其他主体践行生

---

① 黄爱宝：《"生态型政府"初探》，《南京社会科学》2006 年第 11 期。

态责任划定了规矩，而且向社会传导了生态文明理念和生态价值观，从文化引导和制度约束两方面为其他主体践行生态责任提供了保障。

其次，就其实现来说，政府生态责任具有整体性和协作性。生态责任渗透于经济责任、行政责任等其他责任之中，涉及多方面的领域、部门和主体。政府生态责任要想落实，就不能像完善其他职责那样根据责任性质找对口部门来完成，而是需要从生态系统的整体性出发，通过多领域、多部分、多主体之间的协作配合、共同参与才能实现。这就要求政府统筹生态环境保护工作，制定相应的法律法规，形成相互配合、相互协调的组织机构和工作机制，保证各类部门既有工作的独立性，也能相互协调配合完成相应任务。同时，政府应当发挥引导责任，促进多元主体间的协作，如遵循社会本位和市场本位的原则，整合企业和各种社会组织的力量参与；通过赋予生态知情权和参与平台，让公众成为推进生态治理的积极力量。

第三，就内容来说，政府生态责任具有层次性和综合性。不同的主体在生态问题的认知能力、价值取向和行动能力方面都存在很大差异，这种差异性决定了政府生态责任内容的层次性。这种层次性体现在三个方面：一是不同层级的政府，如中央政府与地方政府，其生态责任的内容不同；二是不同地域的政府，如西部地区的地方政府与东部沿海地区的地方政府，其具体生态责任也不同；三是同一政府，在不同历史发展阶段，其所担负的生态责任也不同。总的看，政府生态责任就内容而言都存在积极责任和消极责任两个层次。消极责任也称客观责任，即政府必须要承担的生态管理义务，主要是震慑生态环境破坏行为的惩罚性管理以及生态修复，如生态责任追究、生态补偿等；积极责任也称主观责任，则是政府出于生态环境保护的责任感，本着回应、负责的态度，而主动采取的各类生态治理活动，如培育生态治理主体等。除了内容上的多层次，政府生态责任还具有实现手段上的多样化特点，诸如行政手段、经济手段、文化手段等，这也是与生态问题的系统性相适应的。

二、政府生态责任的理论基础

马克思、恩格斯关于人与自然关系的思想、生态危机的产生根源与破解出路等理论、国家与社会关系理论、人的全面发展理论，为政府生态责任的研究奠定了理论基础。西方的政府职能理论、公共物品理论、公民环境权理论、生态现代化理论，为政府生态责任提供了理论镜鉴。可持续发展理论及其在中国的发展、习近平生态文明思想的创立，进一步为我国政府承担生态责任、进行生态治理提供了理论依据和根本遵循。

（一）政府职能理论与生态环境公共品供给

西方政府职能理论以自然法和社会契约论为基础，主要包括国家干预主义和自由主义政府两种职能理论。国家干预主义的政府职能理论，形成于16、17世纪的重商主义发展时期。中心观点是认为国家可以甚至必须对经济活动进行干预，只有这样才能促进经济社会的发展。政府应该不断地扩大其基本职能，尤其是经济职能。政府通过财政政策、金融政策以及货币政策等多种手段，对国民收入进行再分配，鼓励和刺激公众消费，引导社会需求，实现对经济发展的干预。古典的自由主义政府职能理论，认为政府的主要职能就是做好"守夜人"，充分保障个人和企业的自由，不干涉个人和企业的发展，主张"管得最少的政府就是最好的政府"。新自由主义政府职能理论还提出要尽可能地缩小政府的职能，"市场的缺陷并不是把问题转交给政府去处理的充分理由"[1]。

马克思主义经典作家基于对生产力与生产关系以及社会分工的分析，认为政府起源于社会公共管理的需要，是社会生产力发展到一定阶段的社会分工的产物，因而政府职能范围就应以公共管理的需求为边界。所以，政府（国家）的职能是有限的，政府（国家）就是"从人类社会中分化出来的管理机构"[2]。由此，政府职能只能是通过执掌公共权力来管理社会公共事务。马克思主义经典作家还指出政府有两种基本职能：一是社会管理职能，即解决社会自身无力解决的问题，如宏观经济管理等；二是

①　［美］布坎南：《自由、市场与国家》，北京经济学院出版社1988年版，第3页。

②　《列宁选集》第4卷，人民出版社1995年版，第45页。

政治统治职能，即使用国家机器对被统治阶级实行统治，以维护统治阶级的利益。政府虽然是从社会中产生的，但它一经产生就具有了凌驾于社会之上的力量。政府的"政治统治是以执行某种社会职能为基础，而政府统治只有在它执行了它的这种社会职能时才能持续下去"①。政府的这两种职能是历史的产物，既不是从来就有的，也不会永远存在下去，不同的历史时期其侧重点也不一样。在战争与革命时期，政府侧重于政治统治职能；而在和平与建设时期，政府就要以社会管理职能为主；而到了物质极大丰富，人的思想境界极大提高，"国家终于真正成为整个社会的代表时，它就使自己成为多余的了。……那时，国家政权对社会关系的干预将先后在各个领域中成为多余的事情而自行停止下来。那时，对人的统治将由物的管理和对生产过程的领导所代替。国家不是'被废除'的，它是自行消亡的。"② 在国家自行消亡的同时，政府职能将同步消失。

政府职能就是政府在国家和社会管理中承担的职责和功能，它决定着政府的机构设置及管理方向、内容、范围、方式。政府的具体职能不是一成不变的，在不同的历史时期、发展阶段和环境条件下，政府职能的内容重点和行为方式等都不一样。总的看，政府职能的发展体现出以下特点：在作用的重点领域上，从政治职能向经济职能、社会职能、文化职能转移；在作用性质

① 《马克思恩格斯选集》第3卷，第219页。
② 《马克思恩格斯选集》第3卷，第320页。

上，从保卫性、统治性向管理性、服务性转变；在职能行使方式上，从人治为主、行政手段为主转向法治为主、多种手段的综合运用，政府正从"守夜型"向"全能型"再向"有为有效型"发展。就转型时期的中国而言，为适应社会的发展变化，政府职能的内容、范围和行为方式也在转变发展。包括以市场在资源配置中的决定性作用为重，平衡好经济职能与其他职能的关系，强化社会管理和公共服务职能，改进落后的管理手段、理顺中央与地方、上级与下级政府之间的关系等。2023 年的政府工作报告特别强调，要持续推进政府职能转变，加强法治政府建设，提升公共服务水平，推动发展方式绿色转型，实现有效市场和有为政府更好地结合。这是在镜鉴西方政府职能理论和发展马克思主义政府职能思想基础上，结合中国发展实际的中国化马克思主义政府职能思想的现实体现。

良好生态环境是最公平的公共产品，以中国化马克思主义政府职能思想为指导，政府积极拓展自己的生态职能，担负起提供优质生态资源环境的责任，是中国共产党人的初心使命在新时代的体现。生态资源环境作为一种公共品，其具有非排他性和非竞争性特征。公共品的非竞争性，是指个人或企业等某个主体对公共品的享用，不能排斥、妨碍其他人或企业对公共品的同时享用，其他人或企业享用该种公共品的数量和质量也不会因此而减少。公共品的非排他性，是指一般没有办法从技术角度，将拒绝为公共物品付款的个人或企业彻底排除在公共品的受益范围之外。而且，公共品的供给服务对象是整个社会，具有社会公众共同受益或联合消费的特点。公共品的这种特点一方面容易导致"搭便车"现象和"公地悲剧"，即造成公共品的过度使用和消耗；另一方面也会造成公共品供给的"市场失灵"。要克服这些困境，就必须由政府来为公众提供那些确实有益，民众甚至还没意识到其"益处"的公共品。良好的生态资源环境作为公共品，还存在建设周期长、投资巨大的问题，解决其"市场失灵"，更需要政府承担起生态责任，或是通过补偿和规制措施，将生态环保的外部成本和收益内部化，一定程度上消除市场失灵并实现资源的优化配置；或是通过政策工具以及相关的宣传教育，引导社会发展方式与人们生产、生活方式的转变，以扭转生态破坏、环境污染、资源过度消耗的趋势，实现通过生态建设为公众有效供给良好的生态公共品的目的。

（二）可持续发展理论与公民环境权的保障

可持续发展理论是 20 世纪 80 年代提出的新的发展观，是人们在反思传统以工业化为主的发展模式所引发的环境问题时提出来的。早在 20 世纪 60 年代，《寂静的春天》就引发了人们对工业化带来的环境污染问题的广泛关注。1972 年，面对发达国家强劲的经济发展势头，以及人们狂热追求财富增长的浪潮，西方 10 个国家的科学家、教育家、经济学家、人类学家、实业家等约 30 余人会聚罗马（"罗马俱乐部"），讨论未来人类发展的困境问题，推出了名为《增长的极限》（The Limits to Growth）的研究报告。罗马俱乐部这个报告的主导思想就是，当时工业革命粗放的经济增长模式给地球和人类自身带来了毁灭性灾难，人类社会已步入前所未有的困境，而解决困境的唯一途径就是"改变这种增长趋势和建立稳定的生态和经济的条件"。罗马俱乐部的知识预警得到了世界上有识之士和国际组织的积极回应。1980年，联合国环境规划署等单位组织制定了《世界自然保护大纲》，在其中提出了可持续发展理念的雏形。1987年，联合国环境与发展委员会发布《我们共同的未来》，倡导人与自然的"可持续发展"。1992年，在巴西里约热内卢召开的联合国环境与发展大会，签署了《21世纪议程》，大力倡导可持续发展，可持续发展思想至此由理论变成各国人民的行动纲领和行动计划。

可持续发展作为一种新的发展思想和战略，它所追求的目标是保证社会具有长期的持续性发展能力，确保生态环境平衡，自然资源稳定充盈，以支撑经济增长、社会发展和生态稳定，实现"代际持续"。它特别关注经济活动的生态合理性，强调健康的经济发展应建立在生态可持续的基础上。可持续发展的内容主要包括如下几个方面：第一，可持续发展的基本原则是代际公平和代内公平。此原则是该理论的基本准则。所谓"代际公平"，是指当代人和后代人在资源环境的利用上，自然资源、能源的分配上，应保持公平。当代人不能抢先享用后代人的资源，不能留下枯竭的资源和破败的山河给自己的子孙后代。要充分考虑后代人生存发展的需要，尤其对待不可再生的资源、能源，必须不损害后代人的享用权利。所谓"代内公平"，指的是当代人之间要保持公平，不能由于资源分布的不公平，引发人们资源享用的不公平。第二，可持续发展的主题是发展。所谓可持续发展，并不是指一切社会经济活动、一切资源开采利用都停滞不前，以此来防止自然资源的利用和枯竭，来实现永远存在、持续发展。这是对可持续发展理论的歪曲。实际上，只有经济社会的发展，才能真正实现可持续发展。经济的发展、社会的进步能够为可持续发展提供坚实的物质基础，所以发展是必不可少的。只不过可持续发展中的发展，所指的是社会的全面、协调发展，是兼顾眼前和长远利益的发展。第三，人类的发展要与生态环境承载能力相适应。环境承载能力是指在一定时期内，资源环境系统在维持相对稳定的前提下，所能容纳的人口规模和经济规模的大小。人类生产活动绝对不可以超过这一限度。也就是说，资源开发利用限度绝对不能超出其再生速度；使用不可再生资源的限度绝对不可以超过其可再生替代物的开发速度；污染物的排放速度绝对不可以超过环境的自净容量……一旦超过，必然会导致生态系统的崩溃。第四，可持续发展的动力是技术创新和制度创新。转变传统的粗放发展模式，改变"不可持续"发展的传统，关键在于技术和制度的创新。二者的创新是可持续发展的不竭动力。技术创新可以将新能源引入生产生活之中，转变以往粗放型的经济增长方式，对已经形成的生态环境问题加以治理，对可能出现的，妨碍可持续发展的事物加以遏制……所以，技术创新是可持续发展的不竭动力。制度创新也是可持续发展中必不可少的要素，它可以约束生产者、管理者和消费者的行为，激发各行为主体积极参与生态环境保护，约束行为人经济活动的"外部性"，以此来推动经济可持续发展。

环境权最早由一位德国医生在 20 世纪 60 年代提出，后由美国约瑟夫·萨克斯教授完善形成系统化的环境权理论。该理论认为生态环境属于人类的共有财产，只有经过全体共有人的同意才能对其加以合理利用和支配，否则任何个人都不能随意使用、污染甚至损害它们。共有人为了保证共有财产支配的合理性和避免其被滥用和过度使用，将其委托给国家来加以保存和管理，而国家作为受托人负有为委托人保存和管理好共有财产的职责。日本学者后来又提出生态环境为全社会、甚至全人类所共有的"环境共有原则"，以及环境权为全民所有的"环境权为集体性权利原则"，从而进一步发展了环境权理论。此后，环境权理论在全世界范围内得到了认同，并在国际法中得以体现，欧美国家也纷纷制定了确立公民环境权的法律。

1972 年的《人类环境宣言》描述和定义了环境权，即"人类与生俱来就有能够在一个舒适、安全环境中生活的权利。当人类在自己拥有这种天赋自由，生活在人人敬我、我敬人人的社会氛围，享受重福利的生活条件时，不能够忘了自己还负有造福后代的责任和义务，不仅要保护和改善我们自己这一代的生存环境，还要保护和改善将来的世世代代的环境"①。从中可见，环境权的主体是全人类，不仅包括现在，而且包括未来，是所有时期的所有人共同享有的在良好自然环境中生存发展的权利，囊括了环境的获益权、管理监督权和损害求偿权。生态资源环境的自然属性及其对维持人类生存的重要性，使其成为社会共同体不可或缺的"共享资源"，关系到每一个共同体成员的利益。环境权表明人人都有呼吸到新鲜的空气，喝到干净的水，生活的环境安全、健康、良好，并享受大自然馈赠的基本权力。环境权所具有的这种共有财产属性，决定了生态资源环境不得随意任由个人支配、污染甚至损害，其处置须由社会共同体决定。而政府作为"公意"实施的受托人，应像保障生命健康权和财产安全权一样，担负起保障公民环境权的责任，惩戒违法排污者，引导公民对其进行共同保护。同时，公民也有权监督政府在这个过程中的权力滥用或寻租行为。

马克思、恩格斯在考察资本主义生产方式过程中，认识到人与自然间的辩证统一关系，并从对资本主义制度的分析中，揭示出生态危机的根源与破解出路。在人与自然的关系上，马克思主义认为"人本身是自然界的产物，是在他们的环境中并且和那个环境一起发展起来的"②。自然不仅为人类繁衍和生存提供了

---

① 《人类环境宣言》，http：//jyw．znufe．edu．cn/hjfyjw/Article/2008 -/200812817413181．html。

② 《马克思恩格斯选集》第 3 卷，第 374—375 页。

所需的生活资料和自然环境，而且还提供了人类生产实践活动所需要的劳动资料、劳动对象以及劳动场所。自然具有多样化的价值，如经济价值、精神价值等。"植物、动物、石头、空气、光等，一方面作为自然科学的对象，另一方面作为艺术的对象，都是人的意识的一部分，是人的精神的无机界。"[①] 在生态危机的根源上，马克思通过分析资本运行逻辑，揭示出资本主义反自然、反生态的内在本性。即资本主义生产所特有的"破坏性的创造"，使自然的整体性被彻底瓦解。而且，资本家"寻求一切办法刺激工人的消费，使自己的商品具有新的诱惑力，强使工人有新的需要"[②]。这种基于虚假性需求的资本主义消费扩张，必然导致对自然的无止境索取和破坏。资本主义这种反自然、反生态的内在本性，在价值领域还集中体现为"金钱至上"的价值原则，使自然成为"存在着的无"，生态危机也就成为无可避免的了。在生态危机的解决上，马克思主义提出以共产主义制度的建立，瓦解资本对自然、技术和人（劳动力）的统辖，恢复人与自然间全面而深刻的关系，从根本上走出生态危机。未来的共产主义社会中，在充分把握自然规律的基础上，"社会化的人，联合起来的生产者，将合理地调节他们和自然之间的物质变换，把它置于他们的共同控制之下，而不是让它作为一种盲目的力量来统治自己；靠消耗最小的力量，在最无愧于和最适合于他们的人类

---

① 《马克思恩格斯全集》第 3 卷，人民出版社 2002 年版，第 272 页。
② 《马克思恩格斯全集》第 30 卷，第 247 页。

本性的条件下进行这种物质变换"①。这就实现了人与自然间正常的新陈代谢，使人与自然的关系走向和谐共生、良性循环。

中国共产党和政府结合中国经济社会发展的现实国情，在吸收马克思主义生态思想、可持续发展理念、环境权理论养分的基础上，提出了科学发展观，强调以人为本，实现全面、协调、可持续的发展，为政府制定和完善生态环保相关制度，有效保障公民环境权奠定了理论基础。

（三）新时代生态文明建设的重大理论创新和人与自然和谐共生现代化的推进

作为习近平新时代中国特色社会主义思想的重要组成部分，习近平生态文明思想是以习近平同志为核心的党中央，关于生态文明建设和生态环境保护的一系列新思想、新理念、新论断的理论升华，回答了生态文明建设的动力、目标、路径等重大理论和实践问题，是对人类社会发展新方向的准确预判与把握，是推动实现人与自然和谐共生的中国式现代化的理论指南。

习近平生态文明思想是马克思主义基本原理同中国生态文明建设相结合、同中华优秀传统文化相结合的重大成果。中国传统社会基于"天育物有时，地生财有限"的生态认知，采取"节用""寡欲"的生态环保手段；基于农业社会的经济基础，关注

---

① 《资本论》第3卷，第928—929页。

生态资源的经济价值；虽然有"濯清水，追凉风，钓游鲤，弋高鸿"生态生活理想，但也局限于有物质条件的士大夫等小范围群体。习近平生态文明思想在传承这些先民智慧的基础上，突破了传统社会对生态环保的价值与举措的单一认知，创造性地提出"生态环境没有替代品"，坚持节约与保护相结合，要"在发展中保护、在保护中发展"；提出"绿水青山就是金山银山"，要"统筹好生产、生活、生态三大空间布局"，实施兼顾生态与经济的绿色发展；提出"良好生态环境是最公平的公共产品、最普惠的民生福祉"，推动生态权共享的保障；提出"要让居民望得见山、看得见水、记得住乡愁"，打造宜居诗意的美丽家园，实现人与自然和谐相处、共生共荣。马克思主义生态观秉持辩证的自然观，在人与自然的关系上既承认自然是人存在发展的物质前提，又认为人与自然之间的物质变换反过来也会影响自然，二者相互依存。因而，强调在改造和利用自然生态资源的同时，要尊重规律，注意克服盲目性、自私性，推崇人与自然的协调发展。恩格斯也就此警示说："我们不要过分陶醉于我们人类对自然界的胜利。对于每一次这样的胜利，自然界都报复了我们。每一次胜利，起初确实取得了我们预期的结果，但是往后和再往后却发生了完全不同的、出乎意料的影响，常常把最初的结果又消除了。"[1] 习近平生态文明思想弘扬了马克思主义兼顾自

---

[1] 《马克思恩格斯选集》第4卷，第383页。

然与人的生态价值论、正确认识和运用自然规律的生态认识论与实践论，以突出的责任意识与创新精神，反思了新中国成立以来我国生态环保的曲折实践，提出了生态民生论、绿色发展论、生态系统论、生态治理论、生态文明论，以历史主动精神积极建设良好生态环境，"走向生态文明新时代"。

习近平生态文明思想系统阐释了人与自然、保护与发展、环境与民生、国内与国际等关系，就其主要方面来讲，集中体现为"十个坚持"，即：坚持党对生态文明的全面领导，坚持生态兴则文明兴，坚持人与自然和谐共生，坚持绿水青山就是金山银山，坚持良好生态环境是最普惠的民生福祉，坚持绿色发展是发展观的深刻革命，坚持统筹山水林田湖草沙系统治理，坚持用最严格制度最严密法治保护生态环境，坚持把建设美丽中国转化为全体人民自觉行动，坚持共谋全球生态文明建设之路。这"十个坚持"深刻回答了新时代生态文明建设的根本保证、历史依据、基本原则、核心理念、宗旨要求、战略路径、系统观念、制度保障、社会力量、全球倡议等一系列重大理论与实践问题，标志着我们党对生态文明建设的规律性认识达到新的高度。[①]

习近平生态文明思想是习近平新时代中国特色社会主义思想的重要组成部分，是我们党不懈探索生态文明建设的理论升华和实践结晶，是马克思主义基本原理同中国生态文明建设实践相结

---

① 《习近平生态文明思想学习纲要》，学习出版社、人民出版社 2022 年版，第 2 页。

合、同中华优秀传统生态文化相结合的重大成果，是以习近平同志为核心的党中央治国理政实践创新和理论创新在生态文明建设领域的集中体现，是人类社会实现可持续发展的共同思想财富，是新时代我国生态文明建设的根本遵循和行动指南。①

习近平生态文明思想坚持党对生态文明建设的全面领导，具有科学性与民生性、时代性与民族性、系统性与具体性等特征，既为政府生态责任探索奠定了思想基础，更为推进人与自然和谐共生的现代化提供了行动指南。新中国成立后，中国的现代化道路探索经历了从"四个现代化"到提出"'两个文明'到'三位一体'、'四位一体'，再到今天提出的'五位一体'"②的演变历程，体现了中国共产党人对社会主义现代化建设规律、人类社会发展规律认识的深化。"中国现代化建设之所以伟大，就在于艰难，不能走老路，又要达到发达国家的水平，那就只有走科学发展之路"③。作为中国式现代化的五大特征之一，人与自然和谐共生的现代化，摒弃了粗放型发展方式，以绿色发展作为实践路径，破解了欧美现代化道路造成生态环境破坏的困境。当今世界正处在一个大变革、大转型时期，"人类经历了原始文明、农业文明、工业文明，生态文明是工业文明发展到一定阶段的产

---

① 《习近平生态文明思想学习纲要》，第3页。
② 《习近平谈治国理政》第三卷，第359页。
③ 习近平：《论坚持人与自然和谐共生》，中央文献出版社2022年版，第23—24页。

物，是实现人与自然和谐发展的新要求"①。习近平生态文明思想辩证地看待发展与生态环保的关系，以其为指南的中国式现代化的"'五位一体'总体布局中，生态文明建设是其中一位；在新时代坚持和发展中国特色社会主义的基本方略中，坚持人与自然和谐共生是其中一条；在新发展理念中，绿色是其中一项；在三大攻坚战中，污染防治是其中一战；在到本世纪中叶建成社会主义现代化强国目标中，美丽中国是其中一个"②。正是通过人与自然和谐共生现代化的推进，才能让人民群众既得发展之利，又享自然之美。

第三节　政府生态责任的现实拓展及启示

新中国成立 70 多年来，随着粗放型发展对环境的污染、资源的过度消耗、生态的破坏，生态风险成为约束中国持续向好发展的主要瓶颈。伴随生态风险的凸显及其治理，政府的生态责任也日益拓展。从生态环保理念的宣传教育，到生态环保制度的建立完善；从对破坏生态环境行为的监管，到良好生态产品的供给；从区域生态环保合作，到地球生命共同体建设，以及绿色智

①　《习近平关于社会主义生态文明建设论述摘编》，第 6 页。
②　习近平：《论坚持人与自然和谐共生》，第 279—280 页。

慧的数字生态文明建设，政府的生态环保责任主体地位日益强化，生态责任的内容日益丰富立体，生态责任的范围日益扩大，逐步走上了制度化、规范化、科学化的发展演进轨道。

一、政府生态责任主体地位凸显

新中国成立时，面对一穷二白、百废待兴的现实，党中央提出了勤俭建国的方针，在经济社会建设中厉行节约、反对浪费。1951 年还在全国开展了"三反"运动，力图通过提倡勤俭节约，反对贪污浪费，来达到节约资源、净化社会风气的目的。1958年，《工作方法六十条》明确要求党政干部提升资源综合利用、绿化等环境建设工作方法。对于当时阻碍经济社会发展的重要问题之一，水资源的分布不均，政府进行了大规模的兴修水利、治江理河的工作。但总的来说，新中国成立初期的工业化水平较低，生态环境保护还不在政府的主要工作之中。1973 年，全国首届环境保护会议召开，全国首个环境标准《工业"三废"排放试行标准》颁布，生态环境议题开始进入政府的工作议程。政府的生态责任主体地位的日益强化，更真切的体现还是在环保机构与职能的日渐独立化上。中国第一个生态环保机构是 1974年成立的国务院环境保护领导小组办公室（简称"国环办"），此前的环境管理都是由各部门分散进行的。限于当时较低的生产力与认识发展水平，直至改革开放前，国环办发挥的作用都很有限，政府的生态环保责任也比较模糊。

改革开放以后，随着工业化、城市化进程的快速发展，生态资源环境问题日益凸显，政府逐渐认识到"治理污染，保护环境，是我国一项大的国策，要当作一件非常重要的事情来抓"①。1979 年颁布的《中华人民共和国环境保护法（试行）》明确规定：国务院设立环境保护机构，省、自治区、直辖市人民政府设立环境保护局。至此，环保部门作为专门的政府机构有了明确的法律依据，政府生态责任也从经济建设中附属的节能降耗工作，逐步发展成为我国的一项基本国策。1980 年，政府工作报告还只在经济工作部分提出"要把节能放在优先的地位，大力开展以节能为中心的技术改造和结构改革"②。到了 1983 年，全国环境保护工作会议则将环境保护上升为我国的基本国策，确立了其在社会主义现代化建设中的重要地位。1988 年的政府机构改革，原有的环保机构改组为国务院直属的国家环境保护局，从而在体制上确立了环保机构的独立地位。同年的政府工作报告首次独段阐述了环保工作，提出要"发挥环境保护部门的监督职能，为逐步实现生态系统的良性循环而进行长期的努力"③，政府的生态环保监管责任更加明确。1989 年，进入正式实施阶段的环境保护法明确规定，我国各级政府是环保管理的责任主体，对本辖

---

① 《十三大以来重要文献选编》（上），人民出版社 1991 年版，第 252 页。
② 《历年国务院政府工作报告》，http：//www. gov. cn/test/2006 - 02/16/content_ 200719. htm。
③ 《十三大以来重要文献选编》（上），第 173 页。

区内的生态环保负有监管责任，土地、矿产、林业、农业、水利等各级部门也负有相关的生态责任，政府的生态责任主体地位在法律上进一步明确。

1992 年，社会主义市场经济改革的开启，极大地激发了社会发展活力。但工业化、城市化的加速发展，加剧了能源资源消耗、环境污染和生态恶化。同年，联合国"环境与发展大会"召开，可持续发展问题成为会议重点。在这种背景下，全国人民代表大会于 1993 年通过决议设立了环境保护委员会。1994 年，国务院还制定发布了《中国 21 世纪议程——中国 21 世纪人口、环境与发展白皮书》，首次将可持续发展战略纳入了国家发展规划。1996 年，第八届全国人大四次会议还将可持续发展战略列入了"2010 年远景目标"，提出"加强环境、生态保护，合理开发利用资源。这是功在当代、泽及子孙的大事"。"到 2000 年，力争使环境污染和生态破坏加剧的趋势得到基本控制，部分城市和地区的环境质量有所改善。"① 同年，《国务院关于环境保护若干问题的决定》发布，政府对自身生态责任的认识进一步深化。1998 年，政府启动了新一轮机构改革，在国务院组成部门总体减少的大形势下，国家环境保护局却被升格为国家环境保护总局，成为部级机构，进一步提升了政府生态环保机构的独立性和重要性。2001 年，随着中国加入 WTO，绿色贸易壁垒问题出现，

---

① 《十四大以来重要文献选编》（中），人民出版社 1997 年版，第 1772—1773 页。

这促使政府更加关注生态环保问题，生态责任主体意识愈加清晰。

2002年，党的十六大将可持续发展和"三生共赢"列为全面建设小康社会的目标之一，促进"可持续发展能力不断增强，生态环境得到改善，资源利用效率显著提高，促进人与自然和谐，推动整个社会走上生产发展、生活富裕、生态良好的文明发展道路"①，成为政府的主动选择。2003年，党的十六届三中全会召开，会议明确提出要实现以人为本的全面、协调、可持续的发展，这意味着政府所承担的生态责任越来越突出。2004年，党的十六届四中全会提出建设社会主义和谐社会，其中实现人与自然和谐的具体措施，如加强生态立法和执法、治理生态环境、防治污染、调整产业结构、发展循环经济等，让政府的生态责任愈加自成体系。2006年，党的十六届六中全会提出要"建设资源节约型和环境友好型社会"，党的十七大则首次将"建设生态文明"列为国家发展的目标之一，进一步推动了政府生态职能的独立化和生态责任的明晰化。2008年，国家环保总局被改组升格为环境保护部，获得了与工业、农业、交通等部门同样重要的地位，其生态环保职能也进一步独立化。2012年，党的十八大报告对生态文明进行了单篇论述，并将其与经济建设、政治建设、文化建设和社会建设并列，纳入"五位一体"总体布局。

---

① 《十六大以来重要文献选编》（上），中央文献出版社2005年版，第15页。

由此，政府更加"自觉地推动绿色发展、循环发展、低碳发展，把生态文明建设融入经济建设、政治建设、文化建设、社会建设各方面和全过程"①。2015 年，党的十八届五中全会通过的"'十三五'规划"，提出了"绿色发展"理念。2017 年，党的十九大报告首次将"美丽中国"列为社会主义现代化强国目标之一，进一步强化了政府的生态责任主体地位。2018 年，生态环境部组建，这个变化的背后是政府对自身生态环保职责的重视，以及与之相伴的生态环保案件的受理数量和处理效率的大幅提升。2019 年，生态环境部主导牵头开展环保督察，强化环保政策法规的执行，并将之化为地方生态环境局的日常核心工作，中央加地方的政府生态责任的主体地位进一步规范化。2022 年党的二十大后，国务院又对全面推进美丽中国建设作出系统部署，提出抓住关键的未来五年，推动城乡人居环境明显改善、美丽中国建设取得显著成效，不断满足人民日益增长的优美生态环境需要，体现出政府强烈的生态责任主体意识与历史主动性。

二、政府生态责任内容日渐丰富

政府生态责任内容的丰富经历了两个阶段，一是从生态环保理念宣教到生态环保制度规范的初步扩展；二是从生态环保行为

①《习近平谈治国理政》第一卷，外文出版社 2018 年版，第 211 页。

监管到生态产品供给的责任内容进一步丰富。其中，政府生态监管责任又经历了从节能降耗到技术改造、再到发展环保产业，从行为管理到目标管理的发展演进。

随着政府的生态责任主体地位从模糊渐到明确和强化，政府生态责任的内容也日渐扩展。改革开放之初，政府的中心工作是抓经济建设，在这个过程中出现的资源环境问题，让政府对经济建设与生态环境保护的关系有了初步的认识。"生态环境是人类生存发展的基本条件，是经济社会发展的基础。"[1] 政府"今后要进行充分的研究和宣传，使广大群众和干部了解开发、保护和合理利用水资源、节约用水的重要性"[2]。但彼时政府对自身的环保职责的认识主要还是出于经济建设的客观需要，政府生态责任的内容也因而局限在对广大群众和工业企业进行勤俭节约能源资源、技术革新、收旧利废的宣传教育方面。1989 年的全国环境保护会议，把领导干部列为教育的重点对象，提出"要加强环境保护的宣传教育，提高全民族的环境意识，特别要提高各级领导的环境意识"[3]。这表明政府的生态责任意识逐渐从客观要求的被动阶段走向了主动自觉阶段。1992 年，党的十四大继续强调"要增强全民族的环境意识"[4]。

2002 年，党的十六大提出"要加强基本国情、基本国策和

---

① 《十五大以来重要文献选编》（上），人民出版社 2000 年版，第 603 页。
② 《历年国务院政府工作报告》。
③ 《新时期环境保护重要文件选编》，中央文献出版社 2001 年版，第 137 页。
④ 《十四大以来重要文献选编》（上），人民出版社 1996 年版，第 33 页。

有关法律法规的宣传教育，增强全社会的人口意识、资源意识、节约意识、环保意识"①。2003 年的政府工作报告指出，通过"开展环境警示教育，增强了全民参与环境保护的自觉性"②。2004 年召开的人口资源环境工作座谈会，还进一步提出了要"在全社会营造爱护环境、保护环境、建设环境的良好风气，增强全民族的环境保护意识"③，以教育影响学生、以学生影响家庭、以家庭影响社会，增强全社会的资源忧患意识和节约资源、保护环境的责任意识。在建设生态文明的目标确立之后，2008 年政府明确提出要"增强全社会生态文明观念，动员全体人民更加积极投身于资源节约型、环境友好型社会建设"④。政府还充分运用广播、电视、报刊、网络等各种传媒，采取多种形式在全社会开展生态环保方面的科普宣传，唤起企业和公众对生态环境的关注，引导其了解生态资源环境对人类生存发展具有的前提和基础作用，从而树立科学的生态观，并改进生产、生活方式，把生态环保变成一种自觉行动。2013 年 5 月，习近平总书记在中央政治局集体学习时强调"要加强生态文明宣传教育，增强全民节约意识、环保意识、生态意识，营造爱护生态环境的良好风气"⑤。2015 年 4 月，中共中央、国务院颁布了《关于加快推

① 《十六大以来重要文献选编》（中），中央文献出版社 2006 年版，第 826 页。
② 《历年国务院政府工作报告》。
③ 《十六大以来重要文献选编》（中），第 826 页。
④ 《历年国务院政府工作报告》。
⑤ 《习近平谈治国理政》第一卷，第 209 页。

进生态文明建设的意见》，"将生态文化作为现代公共文化服务体系建设的重要内容"①，将生态国情、环保知识、低碳技术、绿色产业发展等融入学校课堂教学中，确立起人与自然和谐的生活价值观，让适度节制消费、保护环境成为人们的主动选择。

在通过宣传教育不断增加公众的生态环保共识，提升其生态环保意识的基础上，政府逐渐认识到制度约束的重要作用，并开始将完善生态环保法律法规作为其生态责任的重要内容，开启了我国生态环保的法制化进程。尽管我国第一部专门的环境法（《中华人民共和国环境保护法（试行）》）在 1979 年就颁布了，但由于改革开放之初，政府的经济发展责任是第一位的，对生态环保问题认识不深，导致这部法律实际起到的作用有限。到 1983 年底，第二次全国环境保护会议提出了"预防为主"和"谁污染、谁治理"的环境管理政策，政府才开始重视生态环保的政策、规划等制度建设。此后，一系列生态环保法律法规相应建立。1984 年的《中华人民共和国水污染防治法》和《中华人民共和国森林法》，1985 年的《中华人民共和国草原法》，1986年的《中华人民共和国渔业法》与《中华人民共和国矿产资源法》相继颁布，1987 年和 1988 年还制定了《中华人民共和国大气污染防治法》与《中华人民共和国水法》，初步建立了生态环境保护法律体系。1989 年，第三次全国环境保护会议召开，强

① 《中共中央国务院关于加快推进生态文明建设的意见》，http：//www. scio. gov. cn/xwfbh/xwbfbh/ yg/2/Document/1436286/1436286. htm。

调要不断完善环境保护的法律法规，确立了环境保护目标责任制度、城市环境综合整治定量考核制度、排放污染物许可证制度、污染集中控制和限期治理制度等新制度，强化了政府的生态环保制度建设责任。1996 年，《全国污染物排放总量控制计划》和《中国跨世纪绿色工程规划》颁布，诸多环境保护法律法规陆续被修订。1998 年，政府提出"实行资源有偿使用制度"[1]，2000 年，《全国生态环境保护纲要》和《可持续发展纲要》出台。这些生态环保的法律、计划、规划、纲要等形式丰富的制度建设，进一步拓展了政府在制度法规建设方面的生态责任。

党的十六大以来，政府着眼于我国的发展实际，借鉴其他国家的先进经验，依据污染防治与生态保护并重的原则，继续探索制定生态环保方面的法律法规。2005 年召开的人口资源环境工作座谈会明确提出，要"完善促进生态建设的法律和政策体系，制定全国生态保护规划"[2]。此后，政府在工作报告中陆续提出了"健全环境法制和环境标准"，"开展清洁生产和环境管理体系认证"[3]，"建立生态补偿机制"，"健全环境保护的监测体系、评价考核和责任追究制度"[4]，"落实节能环保目标责任制。抓紧建立和完善科学、完整、统一的节能减排指标体系、监测体系和

---

① 《十五大以来重要文献选编》（上），第 234 页。
② 《十六大以来重要文献选编》（上），第 823 页。
③ 《历年国务院政府工作报告》。
④ 《历年国务院政府工作报告》。

考核体系，实行严格的问责制"①。党的十七大强调要促进可持续发展机制的形成和完善，"十二五"规划还对我国的生态环保工作做了详细的设计。在生态环保政策法规方面，政府还先后发表、颁布了《中国的能源状况与政策》白皮书、《国务院关于完善退耕还林政策的通知》《防治海洋工程建设项目污染损害海洋环境管理条例》《环境保护违法违纪行为处分暂行规定》《建设项目环境影响评价分类管理名录》《环境保护公众参与办法》等一系列的政策法规。在生态环保法律方面，《中华人民共和国环境影响评价法》《中华人民共和国放射性污染防治法》《中华人民共和国可再生能源法》《中华人民共和国循环经济促进法》也陆续出台。这些法律法规涵盖了水源地保护、节能减排、环保执法等多个方面，既有长远规划，又有短期目标，注重从权责配置、执法落实、公众监督等方面增强实践操作性，对环保违法行为形成了极大的震慑。

进入新时代以来，生态文明制度建设成为国家的重要工作之一。"建立国土空间开发保护制度，严格按照主体功能区定位推动发展"②，"探索编制自然资源资产负债表，对领导干部实行自然资源资产离任审计。建立生态环境损害责任终身追究制"③。2015 年，国务院办公厅发布《生态环境监测网络建设方案》，对

---

① 《历年国务院政府工作报告》。
② 《十八大以来重要文献选编》（上），中央文献出版社 2014 年版，第 541 页。
③ 《十八大以来重要文献选编》（上），第 541 页。

如何推进生态环保信息化建设进行了顶层设计。2016 年，中办、国办印发《关于全面推行河长制的意见》，要求到 2018 年年底前全面建立河长制。2017 年，《关于划定并严守生态保护红线的若干意见》确立了 2020 年完成全国生态保护红线划定的工作目标。生态环保制度体系的日趋完善，不仅进一步拓展了政府生态责任的内容，而且为生态文明建设提供了可靠的法律保障。

如果说社会主义市场经济体制的建立和完善，促进了政府生态责任内容从理念宣教向制度规范扩展的话，那么，生态治理大潮的兴起则推动了政府生态责任内容的进一步丰富，即从改革开放之初的企业行为监管，拓展到今天的生态产品供给与服务。社会主义市场经济体制改革之前，政府从计划经济框架下的管理角色出发，主要是通过对企业直接的监督来实现环保的目标要求。1982 年，政府提出"现有企业技术改造的重点，是节约能源和原材料"①。1988 年进一步提出要"加强环境保护的管理工作，发挥环境保护部门的监督职能"②。此后，随着对生态环保与经济发展、社会进步之间关系的认识的深化，政府又将监管的重点调整为"推行清洁生产，发展环保产业。加强生态示范区建设"③。

科学发展观提出后，为了规避传统绩效考核的缺陷，2004 年 3 月，由国家环保总局和国家统计局牵头，启动了"绿色

① 《历年国务院政府工作报告》。
② 《历年国务院政府工作报告》。
③ 《历年国务院政府工作报告》。

GDP"项目，开始"研究绿色国民经济核算方法，探索将发展过程中的资源消耗、环境损失和环境效益纳入经济发展水平的评价体系"①。2005年底出台的《国务院关于落实科学发展观加强环境保护的决定》，明确指出生态环保要"依靠科技进步，发展循环经济"。2006年的"十一五"规划纲要，又对主要污染物排放总量设定了约束性指标。2007年，国务院还印发了《节能减排综合性工作方案》，并联合相关部门开展了关停和淘汰落后产能，遏制高耗能行业扩张的工作。政府还积极"大力发展节能服务产业和环保产业。开发风能、太阳能等清洁、可再生能源"②。在各级政府的推动下，节能减排都取得了显著的效果。2012年，党的十八大提出要"加快实施主体功能区战略，推动各地区严格按照主体功能定位发展"③。政府也愈加重视平衡环境效益和经济效益、长远利益和眼前利益，在生态保护中发展经济，在经济发展中保护生态，将发展生态环保产业、开发绿色能源和绿色产品、治理生态环境等作为新的经济增长点。2014年召开的中央经济工作会议，将"推动形成绿色低碳循环发展新方式"作为新常态的特征之一。同年重新修订的《中华人民共和国环境保护法》，明确规定了地方政府的生态监管责任，即地方各级人民政府对本行政区域的环境质量负总责。2015年，《中

---

① 《十六大以来重要文献选编》（上），第853页。
② 《历年国务院政府工作报告》。
③ 《十八大以来重要文献选编》（上），第31页。

共中央国务院关于加快推进生态文明建设的意见》，明确提出要大幅提高经济绿色化程度，发展绿色产业。从节能降耗到技术改造再到发展环保产业，从行为管理到目标管理，一系列管理监督思想与策略的发展创新，进一步丰富了政府生态监管责任的内容。

20 世纪 90 年代开始，治理理论伴随世界范围的民主化大潮兴起。作为社会管理的一种新方式，它主张改革以权力为中心的管控型政府管理模式，建立多中心治理模式，引入市场机制更好地提供公共产品和服务，更有效地满足社会的需要。这股世界潮流的影响以及中国特色社会主义实践的客观需求，推动了我国政府的职能转变。2004 年的政府工作报告指出："各级政府要全面履行职能，在继续搞好经济调节、加强市场监管的同时，更加注重履行社会管理和公共服务职能。"[1] 2005 年更是明确提出要"努力建设服务型政府。""我们的奋斗目标是，让人民群众喝上干净的水、呼吸清新的空气，有更好的工作和生活环境。"[2] 党的十六届六中全会阐述了服务型政府建设的基本内容，提出要逐步建立起惠及全民的基本公共服务体系，标志着我国政府逐步从管制政府转向服务政府。

生态资源环境具有公共品属性，其公共服务需求量巨大，凭借政府的单一管治难以满足公众的需求。党的十六大以后，政府

---

① 《历年国务院政府工作报告》。
② 《历年国务院政府工作报告》。

生态产品供给的责任意识日渐增强，供给的重点领域日渐明确，提出要以对百姓高度负责的态度和责任，"解决严重威胁人民群众健康安全的环境污染问题，保证人民群众在生态良性循环的环境中生产生活"①。"完善公众参与的法律保障，为各种社会力量参与人口资源环境工作搭建平台。"② 2006 年，财政部制定的《政府收支分类改革方案》，环境保护被纳入"2007 年政府收支分类科目"中。从此，政府环保预算有了自己的户头，生态环保投入逐年增加，有力推动了环境污染的整治。为了给"子孙后代留下天蓝、地绿、水清的生产生活环境"，党的十八大报告明确提出了建设美丽中国的目标。2013 年 4 月，习近平总书记考察海南时指出，良好生态环境是最公平的公共产品，是最普惠的民生福祉。③ 政府有责任通过改善生态来改善民生，保障人的生态权益，给广大的居民提供清洁的空气、干净的水以及森林、土地等生态公共产品，全面提高人的生活质量。所以，要"实施重大生态修复工程，增强生态产品生产能力"④。同时，"建立吸引社会资本投入生态环境保护的市场化机制，推行环境污染第三方治理"⑤；"壮大节能环保产业、清洁生产产业、清洁能源产

① 《十六大以来重要文献选编》（中），第 716 页。
② 《十六大以来重要文献选编》（中），第 716、826 页。
③ 《加快国际旅游岛建设 谱写美丽中国海南篇》，《人民日报》2013 年 4 月 11 日。
④ 《习近平谈治国理政》第一卷，第 209 页。
⑤ 《十八大以来重要文献选编》（上），第 542 页。

业"①，着力构建绿色低碳循环经济体系。随着政府生态产品供给责任意识的增强，其环境治理范围不断扩展，治理的重点领域也愈益清晰。随着《气十条》《水十条》《土十条》以及《重点流域水污染防治规划（2016—2020年)》《打赢蓝天保卫战三年行动计划》《生活垃圾分类制度实施方案》等相关政策发布实施，以及政府环保督察的常态化，水土固废气等重点领域的大监管格局形成，环保产业也迎来新的发展阶段，人民将获得更好的生态产品。

三、政府生态责任范围日益拓展

政府生态责任范围的日益拓展，从地域上体现为从区域环保合作到共谋地球生命共同体建设，从技术上体现为向数字化虚拟空间的延伸。生态环境问题的整体性和复杂性，使得区域环保合作成为政府生态责任内容的必选项。通过制定规划将生态环保纳入区域发展中，对区域共同的生态环境问题采取合作行动，如开发区域环境信息共享平台、进行生态补偿转移支付等，提高生态环境治理的协调性和有效性。1998年特大洪灾后，在全国总体规划层面上，中央政府"对重点江河全流域实行水资源统一调

---

① 《习近平谈治国理政》第三卷，第40页。

度。启动了塔里木河、黑河流域综合治理"①。2006年，党中央强调"重点搞好'三河三湖'（淮河海河辽河、太湖巢湖滇池）、南水北调水源及沿线、三峡库区、松花江等流域污染防治。"②此后又"实施渤海环境保护总体规划"③，推进了重点流域区域环境治理工作。在地方生态建设层面上，武汉城市圈在2007年被列为区域环保合作试验区，即"全国资源节约型和环境友好型社会建设综合配套改革试验区"。2009年，国务院审议通过了《珠江三角洲改革发展规划纲要》，要求构筑珠三角的区域生态安全体系。2011年，各地政府"继续实施重大生态修复工程，加强重点生态功能区保护和管理"④，同年启动了首个跨省的生态补偿试点项目，新安江流域的生态环保合作。2012年，粤港澳政府共同编制实施《共建优质生活圈专项规划》，为该区域开展生态环保合作奠定了政策基础。2014年，《贵州省赤水河流域水污染防治生态补偿暂行办法》制定出台，促成毕节市和遵义市的跨区域生态环保合作。2016年，《港澳环境保护合作协议》签订，强化了香港特区与澳门特区在环境监测与研究、空气污染防治、环保产业发展等方面的合作。2017年，《推进雄安新区生态环境保护工作战略合作协议》签署，开启了环境保护部与河

---

① 《历年国务院政府工作报告》。
② 《历年国务院政府工作报告》。
③ 《历年国务院政府工作报告》。
④ 《历年国务院政府工作报告》。

北省人民政府合作推进美丽河北和美丽中国建设的进程。2023年的全国生态环境保护大会，绿色智慧的数字生态文明建设被提上议事日程，昭示着政府生态责任范围向虚拟空间的拓展。

党的二十大明确提出要创造人与自然协调与可持续发展的文明新形态，共谋全球生态文明建设。随着实践的发展，我国越来越认识到生态资源环境问题是全人类共同面临的重大挑战，生态危机的消除既离不开民族国家政府自身的努力，也离不开国际社会的合作。建设绿色发展的生态体系，保护好人类赖以生存的地球家园；协调生态环保的国际行动，合作构筑地球生命共同体，建设清洁美丽世界，已经成为政府生态责任拓展的必然方向。

进行生态环保国际合作的基础首先是彼此的认可与信任。中国政府对国际社会做出庄严承诺，将自觉遵守国际环境保护的条约，"积极参与应对气候变化国际合作，推动全球应对气候变化取得新进展"[①]，这为中国赢得了其他国家的信任。作为一个负责任的大国，中国政府还致力于生态环保国际合作机制的探索，提出应"坚持共同但有区别的责任原则和公平原则，建设性推动应对气候变化国际谈判进程"[②]。此后，中国陆续同美国、巴西、印度、欧盟、法国等国发表了气候变化联合声明，推动了气候谈判多边进程。2013 年 2 月，中国提出的生态文明理念推广决议案，在联合国环境规划署获得了一致通过，为全球的生态环

---

① 《历年国务院政府工作报告》。
② 《历年国务院政府工作报告》。

境问题作出了重要贡献。同年 3 月，习近平主席在莫斯科的演讲指出："人类生活在同一个地球村里"，这个世界已经"越来越成为你中有我，我中有你的命运共同体"。① 此后，命运共同体思想多次在不同场合被重申和深化，并具体演化出地球生命共同体思想。面对全球生态环境危机的现实困境，地球生命共同体思想摒弃了零和博弈的旧观念，倡导共有地球家园的新理念，为推进全球生态建设贡献了中国智慧和中国方案。2014 年 6 月，中国向联合国提交了应对气候变化国家自主贡献文件，做出了2030 年之前的减排承诺，担负起了全球气候问题的一份责任。理论上，各国对地球生命共同体建设具有对等的责任，但从历史发展过程看，发达国家曾消耗了更多的能源资源，也从中获得了更多利益，所以"发达国家应该多一点共享，多一点担当，实现互惠共赢。"② 2016 年，中国政府签署了《巴黎协定》，成为第 23 个缔约方。2017 年，环保部发布了《"一带一路"生态环境保护合作规划》，提出了加强生态环保政策沟通、开展生态环保项目和活动等生态环保合作举措。2022 年，中国还引领推动《生物多样性公约》第十五次缔约方大会（COP15）第二阶段会议，通过了历史性的"昆明—蒙特利尔全球生物多样性框架"。这些实际行动体现了中国政府着眼于地球生命共同体、清洁美丽

---

① 《习近平谈治国理政》第一卷，第 272 页。
② 习近平：《携手构建合作共赢、公平合理的气候变化治理机制——在气候变化巴黎大会开幕式上的讲话》，《人民日报》2015 年 12 月 1 日。

世界建设的责任担当。

四、政府生态责任拓展相关启示

改革开放40多年来，政府生态责任的目标从单纯的促进经济增长，转到实现以人为本的经济社会进步与生态资源环境的协调，再到以人民为中心实现人民普遍幸福和人类永续发展，呈现出一个从经验、技术层面向科学、制度层面再向文化、文明层面深入发展的趋势，中国政府在生态文明建设的理论与实践上越来越表现出自主自觉的特征，彰显了社会主义对资本主义在生态环保问题上的比较优势。政府生态责任的现实演进历程表明，中国现代化进程中面临着突出的生态资源环境风险，其有效应对必须在党的全面领导下，各级政府积极担负起各自的生态责任，坚持依法治理与科技创新，坚持以中国国情为基础与吸收借鉴他国经验相结合，统筹发展和安全。

首先，要坚持生态法治、职责法定，以制度创新、法律完善，不断提升政府的生态责任能力。要坚持立法先行，通过加强生态安全制度建设，不断完善生态环保的法律法规，促进生态法规的完备与配套，强化各级各类主体的生态责任，在全社会营造崇法、敬法和守法的文化氛围，促进生态环境治理的法治化发展。当前，应着重以防控生态环境风险为底线，以打好污染防治攻坚战为重点，积极实施制度创新，提高生态环境治理效率。如具有包干性质的河长制，作为一种基层生态环境治理的制度创新，就克服了以往"九龙治水"的弊端，从制度上解决了激励问题，提高了水环境治理的效率。强化政府生态责任，还要提高执法人员的素质，以保证其严格执法，从源头严防、过程严控到后果严惩，加大对生态环境违法行为的处罚力度，彰显法治的力量。要加强领导干部的生态环境法治教育，健全干部生态责任考核评价制度，实行严格的责任追究，强化政府的生态责任。

其次，要坚持政府主导，多方参与，以多领域、多要素的协同治理，不断提升政府生态环境治理的实效。生态环境问题的整体性、系统性、复杂性，决定了政府生态责任能力的有限性。生态责任主体的多元化、生态环境治理方式的综合化、生态环境治理机制的现代化，是政府生态治理能力现代化的重要体现。作为生态环境治理的第一责任人，政府除了要做好生态环境治理的制度供给，保护国家生态安全、维护公众生态权益、促进人与自然和谐之外，还要加强生态环保教育与宣传，积极引导企业、环保社会组织、公众等社会各界力量参与到生态环境治理中，扩大生态环境治理的群众基础，实现全民共建共享。如 2023 年 8 月 15日全国首个生态日的确立，就是动员生态环保全社会行动的一个有力举措。在完善党委领导、政府主导、企业主体、社会组织和公众共同参与的现代生态环境治理体系的过程中，要合理确定各生态环境治理主体之间的关系，以督察整改环节为抓手强化中央生态环保责任，以"党政同责""一岗双责"压实地方党委政府生态责任。推行企业的绿色、低碳和循环发展,支持生态治理的民间行动,鼓励和促进生态环保 NGO 的发展。要综合运用法律法规、市场机制、环保技术、绿色文化等多种手段,合理配置各类资源,建立涵盖各领域的生态治理有机整体,发挥生态治理的协同效应,提升生态治理的实效。

第三,要坚持马克思主义生态价值观和社会主义生态文明观,打造生态治理的中国特色。要发挥后发优势,坚持既立足中国又放眼全球,以中国的体制特征、文化传统、社会发展特点等为依据,批判地吸取发达国家生态治理实践的有益成果,走一条中国特色的生态治理现代化之路。要摒弃西方国家先污染后治理的旧思路,坚持目标导向和问题导向的统一,正确处理人与自然的关系,最大限度地降低发展的资源环境代价。要按照"五位一体"总体布局和"四个全面"战略布局的要求,秉持创新、协调、绿色、开放、共享的新发展理念,发展绿色低碳循环经济,坚持生产发展、生活富裕、生态良好,不断推进中国特色生态环境治理的现代化,进而为全球生态环境改善作出自己的贡献。

此外,要积极推动科技创新,加快推进数字政府建设,依靠大数据、信息化治理实现生态环保的精细治理,推进绿色智慧的数字生态文明建设。通过培养高水平生态环境科技人才,推动绿色低碳科技的关键核心技术攻关,以生态环保的科技创新及其应用,塑造发展的新动能、新优势;以人工智能等数字技术的生态环保运用，实施高水平的生态环保行动，推动美丽中国的数字化治理体系建设。

新时代以来，生态文明建设和生态环境保护越来越受重视，不仅成为我国的一项基本国策，还被纳入到国民经济和社会发展计划之中。经过多年的生态环境保护与治理，我国的生态文明建设取得了举世瞩目的成就，经济社会也已经进入到加速绿色化、低碳化的高质量发展阶段。但同时，诚如习近平总书记所言，我国生态环保的结构性、根源性、趋势性压力尚未根本缓解，仍处于压力叠加、负重前行的生态文明建设关键期。为此，在人与自然和谐共生现代化的新征程上，必须进一步深化并落实政府生态责任，坚持以习近平生态文明思想为指针，积极开展生态环保、应对生态风险，主动维护生态安全，推动生态文明建设再上新台阶。

第三章　地方政府生态责任的
影响因素与实践机理

政府生态责任源于政府对生态风险的认识及其生态环保职能的补位。从内容结构上看，生态责任包括积极生态责任和消极生态责任两个方面，党中央与地方政府的生态责任各有侧重。我国地方政府的生态责任主要涉及生态意识培育、生态制度供给、生态行为监管、生态环境治理主体的塑造以及生态环境治理协作。影响地方政府践行其生态责任的因素有很多，从责任主体的角度看，地方政府之外的影响因素主要有行政体制、法律制度、区域定位、府际关系、文化传统、社会心理、社会舆论等，地方政府自身的影响因素主要有政府治理偏好、组织机构构成、财政能力及知识技术能力、行政人员的素质等。在履行生态责任实践中，地方政府是以对生态责任的认知和认同为行动的起点，以合理的权责配置提升生态履责行动过程的实效，以行动反馈达成生态履责的内外协同与持续改进，实现从坚定思想认识到转化为行动力量、再到反馈改进的良性循环。

第一节　地方政府生态责任的内容结构

政府的生态责任源于其政府职能，由此不仅决定了中央与地方政府各自不同的生态责任，也决定了地方政府生态责任既有其主动担负的，也有中央与外界加负于地方政府的，由此形成了其积极生态责任与消极生态责任。地方政府的积极生态责任是地方政府主动承担的、有利于提升辖区生态环保与生态文明建设成效的应然性和创造性责任，主要包括生态意识培育、生态环境治理主体的塑造以及生态环境治理协作等内容。地方政府的消极生态责任则是中央和社会对地方政府最基本的生态环保职责要求，主要包括生态环保制度供给和生态行为监管等。

一、中央和地方政府生态责任的划分

政府生态责任的生成及其拓展，有其理论与现实依据，并直接源于政府职能的变迁。因此，要想合理确定中央与地方政府各自的生态责任，首先要从二者之间的职能关系的分析入手。而这种职能关系问题的焦点在于，不同的管理职能该由谁来行使，以及不同的管理主体之间职责权限如何划分。2018 年新修订的《中华人民共和国宪法》中，国务院的职权里新增了"领导和管理生态文明建设"。2023年初新修订的《国务院工作规则》中也明确规定,"国务院履行政府经济调节、市场监管、社会管理、公共服务、生态环境保护等职能",中央还专门组建了生态环境部。这就让生态职能成为中央政府的新职能,为中央生态责任的确立提供了法理依据与组织保障。但新修订的宪法还未对地方政府的生态职能做出明确规定,只是规定"中央和地方的国家机构职权的划分,遵循在中央的统一领导下,充分发挥地方的主动性、积极性的原则"。中央作为社会管理体系的核心,其职能定位是统筹宏观经济社会发展,制定全局性发展战略与政策,并协调地方间关系,旨在维护国家整体利益;地方政府则既要承接党中央的任务,又要主持地方经济社会发展,提供区域性公共性服务。对比中央与地方政府的职能可以看出,地方政府的职责履行情况意义重大,关系着中央目标与地方公众福祉的实现,这也是地方政府生态责任研究的意义所在。但上述对两者职能的原则性规定,一方面让地方政府的职能定位有了很大的灵活裁量空间,在完成中央安排的工作任务的同时,可以根据区域特点确定彼此差异化的职能重点;另一方面,也导致中央与地方政府职能存在部分交叉,造成个别职责范围不清、主体重叠,责任归属难以准确划分的问题。这是落实央地政府各自的生态责任需要特别注意的地方。

中央与地方政府各自的主要生态责任,其划分依据除了要考虑其各自职能状况之外,还要将权责利相统一、财政事权与支出责任相一致作为重要的原则。随着生态资源环境对经济社会发展影响的日渐凸显，生态文明建设在党的十八大时被纳入到中国特色社会主义建设"五位一体"总体布局之中。之后，在党的十八届三中全会确立全面深化改革的总目标时，又提出了加快生态文明制度建设的要求。同时，基于雾霾、饮用水与土壤污染等环境问题人民群众反映突出，以及原有相关制度部分内容滞后的现实，2015 年，《中华人民共和国环境保护法》《中共中央国务院关于加快推进生态文明建设的意见》《中共中央国务院关于印发〈生态文明体制改革总体方案〉的通知》《党政领导干部生态环境损害责任追究办法（试行）》《环境保护督察方案（试行）》等一系列生态文明建设与环境保护的相关法律法规陆续出台，其中就包含了对政府生态责任的相关规定。

依据上述原则与相关规定，中央政府的生态责任主要在生态环保与生态命名建设宏观层面，涵盖了制定战略规划、推进法律制度建设、开展宣传教育、进行国际合作等。具体包括制定诸如主体生态功能区、绿色经济发展等国家生态环保战略规划，推进战略和规划环评；推进诸如生态保护修复和污染防治区域联动机制、地区间横向生态保护补偿机制、资源环境承载能力监测预警机制、领导干部任期生态文明建设责任制等国家生态文明体制机制改革，以及环境质量标准、生态环境损害评估制度、自然资源资产产权和用途管制制度、生态环境价值评估制度、能效和环保标识认证制度等生态环保关键法律制度建设，建立源头预防、过程控制、损害赔偿、责任追究的生态文明制度体系；对自然生态空间进行统一确权登记，编制国家自然资源资产负债表，健全覆盖所有资源环境要素的监测网络体系，实施国家层面的生态环保监管与督察，构建全过程、多层级生态环境风险防范体系，维护国家生态环境安全；开展生态文明建设与生态环保宣传教育，把生态文明教育纳入国民教育体系和干部教育培训体系，加强生态环保的人才队伍建设，培育生态文化、生态道德，提高全民生态文明意识；统筹国内国际两个大局，加强与各国在生态文明领域的对话交流和务实合作，引进先进技术装备和管理经验，促进全球生态安全。

2015 年，我国将世界环境日 6 月 5 日确定为我国法定环境日，2016 年，我国率先发布《中国落实 2030 年可持续发展议程国别方案》，实施《国家应对气候变化规划（2014—2020 年）》，向联合国交存《巴黎协定》批准文书。我国消耗臭氧层物质的淘汰量占发展中国家总量的 50% 以上，成为对全球臭氧层保护贡献最大的国家。2017 年，同联合国环境规划署等国际机构一道发起，建立"一带一路"绿色发展国际联盟。[①] 2018 年，国家统计局提出了《编制自然资源资产负债表试点方案》；2023 年 8 月 15 日又举行了首个全国生态日的确立相关活动，这一系列举措正是中央政府履行其生态责任的有效实践。

---

① 习近平：《推动我国生态文明建设迈上新台阶》，《求是》2019 年第 3 期。

2015 年颁布的《中共中央国务院关于加快推进生态文明建设的意见》提出，"各级党委和政府对本地区生态文明建设负总责"。同年施行的号称中国"史上最严"环保法中也明确规定，"地方各级人民政府应当对本行政区域的环境质量负责"，"各级人民政府及其有关部门和企业事业单位，应当依照《中华人民共和国突发事件应对法》的规定，做好突发环境事件的风险控制、应急准备、应急处置和事后恢复等工作"。这都为地方政府生态责任的确立提供了制度依据。2016 年，贵州省政府还在全国率先发布了地方生态环境保护责任清单，即《贵州省各级党委、政府及相关职能部门生态环境保护责任划分规定（试行）》，其中不仅明确了地方政府的生态环保主体责任，还对地方党委、相关职能部门的生态环保职责做了分门别类的规定，以清单方式细化了地方各级党委政府承担的生态环保责任，厘清了地方政府相关职能部门承担的生态环保责任范围。

由此，地方政府的生态责任主要是在辖区范围内，根据中央政府确定的本行政区域的生态功能定位，统筹生态环保与经济社会发展，为辖区提供生态环境产品，完成党中央下达的资源环境保护与生态文明建设任务，保持和增加辖区内生态环境产品的存量。包括组织编制和批准辖区环保规划、自然生态空间规划、生态文明建设指标体系，划定辖区生态功能区与生态保护红线，落实生产、生活、生态空间用途管制；健全辖区生态环境保护制度，制定实施辖区生态保护和恢复的治理方案，对国家未作规定的生态环保内容制定地方标准，并进行调查、评价与现场检查；以利于环保的经济、技术政策推动绿色发展，促进产业结构调整和发展方式转变，推进资源利用节约化和集约化；加强城乡环境综合治理与环境应急管理，统筹城乡污染防治设施建设，编制实施突发环境事件应急预案，加强辖区大气、水、土壤、噪声和核与辐射等环境污染防治，以及对工业园区和环境敏感区的环境监督与管理，严格环境影响评价，对空间管制、总量管控和环境准入进行清单管理，维护辖区环境安全，提高城乡人居环境质量。加强生态环保宣传教育，提高辖区公民的生态环保意识。依法公开辖区生态资源环境信息，建立公众监督平台，依法接受监督。推动区域间的生态环境保护协作，实行区域流域联防联控和城乡生态治理协同。建立辖区内生态文明建设目标责任制、环保目标责任制和绩效考核评价制度，实行常态化的领导干部生态环境资源资产离任审计制度，建立重大决策责任倒查及责任终身追究制度，实行"谁决策、谁负责""谁监管、谁负责"，加大生态环保的问责力度等。

2002 年，浙江省提出以"绿色浙江"为战略目标，以生态省建设为主要载体和突破口，走一条"生产发展、生活富裕、生态良好"的可持续发展之路。2003 年，《浙江生态省建设规划纲要》通过并下发，提出了包含"进一步发挥浙江的生态优势，创建生态省，打造'绿色浙江'"① 的"八八战略"。作为生态

---

① 习近平：《干在实处 走在前列——推进浙江新发展的思考与实践》，第72页。

文明建设的先行地区，浙江省委、省政府勇于担责、主动作为，"绿色浙江"建设成绩巨大，成为美丽中国建设的先导。2015年，贵州省率先在全国出台了《贵州省生态环境损害党政领导干部问责暂行办法》和《贵州省林业生态红线保护工作党政领导干部问责暂行办法》，架设了地方政府干部生态问责"高压线"。贵州还制定了全国首部省级生态文明建设地方性法规——《贵州省生态文明建设促进条例》，率先在全国设置地方环保法庭，并开展了全国第一例行政环境公益诉讼。浙江、贵州的这些实践，是地方政府探索履行生态责任的典型例证。从中可以窥见，地方政府生态责任既有其主动担负的、也有外界加负于地方政府的，既有主观的、也有客观的。

二、地方政府的积极生态责任

地方政府的积极生态责任也称主观生态责任，是地方政府基于对生态文明建设的责任自觉，而主动承担的有利于提升生态环保成效的应然性和创造性责任。它不是外界强加于地方政府的，而是地方政府出于对生态文明建设的高度认同与历史主动精神而自觉追求的。这种应然层面的生态责任是地方政府的性质、宗旨、主动性和创造性的突出体现，主要体现为生态意识培育、生态环境治理主体的塑造以及生态环境治理协作三个层面的内容。

（一）生态意识培育

我国建立社会主义市场经济制度以来，人们对个人利益的合理追求得到了认可和法律保障，但随着市场经济的长期发展，其个人主义、金钱至上等负面影响也日益凸显。人们生态意识不足，环保行动缺乏内生动力，更专注于眼前利益，痴迷于积累自身的物质财富，而忽视整个社会生态失衡、环境恶化等现象的日益严峻。就生态文明建设而言，市场经济遵循单一资本逻辑的必然结果就是"公地悲剧"的发生。因此，地方政府要想实现辖区经济发展与生态环保的双赢，克服单一资本逻辑对生态文明建设产生的负效应，超越造成生态环境困局的西方现代化道路，就必须承担起公众生态意识培育的责任。而且，由于政府对社会的巨大引领作用，及其成熟的政治宣传系统，也使其具有培育公众生态意识的独特优势。

国外学者较早明确提出"生态意识"的概念，如认为生态意识就是根据社会和自然的具体可能性，最优解决社会和自然关系问题方面反映社会和自然相互关系问题的诸观点、理论和情感的总和。① "生态意识也称环保意识、环境意识等，包括生态认知意识、生态忧患意识、生态责任意识和生态价值意识等内容。"② 国内学

---

① ［苏］Э. В. 基鲁索夫：《生态意识是社会和自然最优相互作用的条件》，《哲学译丛》1986 年第 4 期。

② Maloney M. P., Michael P., *Ward ecology：Let's hear from the people：an objective scale for the measurement of ecological attitudes and knowledge*, American Psychologist, 1973, 28（7）：583-586.

者则将其定义为：人类以对包括自己于内的自然中的一切生物与环境之关系的认识成果为基础而形成的特定的思维方式和行为取向。[①] 笔者认为生态意识就是人对生态资源环境的总体观点和看法，是人在处理自身实践与周围自然环境间相互关系时的立场、观点和方法的总和。生态意识具体包含生态忧患意识、生态保护意识、生态科学意识、生态伦理意识、生态权益意识以及生态参与意识等，以科学生态价值观为指导，秉持自然与人类社会和谐共生理念，倡导人与自然的和谐发展，人类应在尊重自然工具价值和固有价值基础上实现自身价值。其中，生态忧患意识是对自然与人类是否能和谐共生命运的思考，包括对生态资源有限性的认知、对生态恶化趋势的危机感和对潜在生态风险的感知等。生态科学意识是人们对自然资源环境、社会生产生活应具备的基本生态学、环境学、生态环境保护等方面的知识素养。生态伦理意识是从伦理学角度探讨人与自然关系，承认非人类生物的权利，并以道德情怀关爱自然，尊重一切生命的生存权、自主权和生态安全权。生态保护意识包括资源节约意识、环境保护意识、绿色生产和绿色消费意识等，是人敬仰自然天物、节约利用自然的观念。生态权益意识是人对生态权益的主体意识，即对人合理利用自然资源、享有良好生态环境的权利及由此所带来的利益的认识。生态参与意识是自觉从事各种有益于生态发展活动的意识。

---

① 刘湘溶：《论生态意识》，《求索》1994 年第 2 期。

"没有生态意识，私利以外的义务就是一场空话。"①

思想是行动的先导。培育公众生态意识，地方政府可采用媒体宣传引导、生态环境教育和社会风尚塑造等途径，唤醒公众的生态良知和责任感，提高其对生态文化的认同；以知识、习惯、道德等"软约束"，增强公众自律行为，承担生态责任，自觉节约自然资源、保护生态环境，促使生态文明建设内生动力的形成。政府应积极倡导人与自然和谐共生的生态价值观，资源节约的清洁生产观，拒绝浪费的绿色消费观。同时，及时做到环保信息公开化、透明化，使公众加深对生态文明建设的理解。在社会上加强环保法律法规及相关政策的宣传，使公众在法律的框架体系内了解自身权限、履行自身职责、行使自身权利。各阶段学校应发挥教育潜移默化作用，把生态知识、环保技术纳入到日常教学中，培养学生生态意识，引导其建立绿色消费理念；利用相应的政策手段，引导公众确立绿色消费理念，选择节约、环保的生活方式，循环使用物品，节约资源，杜绝奢侈性消费、线性消费。提高公众对生态环境问题的认识，培育公众生态环境意识，关键还离不开网络、广播、电视、报纸等各种媒体融合的大力宣传。针对不同受众群体，把相应水平的生态科学知识融入其中。如针对农民朋友，可以广泛宣传农药、化肥等对环境和人体所造成的污染和伤害，提高农民的生态忧患意识和生态参与意识。而

---

① 余谋昌：《生态意识及其主要特点》，《生态学杂志》1991 年第 4 期。

对造成环境污染比较严重的相关企业，不仅要通过经济和法律等惩罚手段，还应加强对污染企业生态文化的培育，引导其在形象设计、产品开发等方面，塑造自己的生态文化品牌，提升企业的绿色竞争力；并促进其内部形成一种生态环保氛围，从而让企业在呈现经济效益的同时，也释放社会效益和生态效益。在这个过程中，地方政府不仅可以借鉴中国传统文化中包含的朴素生态智慧，为公众生态意识培育奠定良好的文化基础；还可以结合中国国情，借鉴国外先进的生态教育理念和实践经验。

（二）生态环境治理主体的塑造

我国当前的"生态文明建设正处于压力叠加、负重前行的关键期，已进入提供更多优质生态产品以满足人民日益增长的优美生态环境需要的攻坚期，也到了有条件有能力解决生态环境突出问题的窗口期"。

生态环境治理作为一个社会性的问题，离开了全社会的参与是难以取得好的效果的。地方政府虽然是辖区生态环境治理的重要主体，但在一个发展中国家，地方政府还有一个重要任务是发展地方经济，不可能不顾辖区经济发展而全力进行生态环境治理。而且，由于生态风险本身具有突出的系统性、整体性和联动性，其影响往往超越经济、政治、文化和社会的局限，仅仅依靠政府也不可能有效实现生态环境的保护与治理。所以，发挥各类企业、社会组织和广大公众的作用，建立以政府为主导、多元主体共同参与的生态环境治理体系，也就成为地方政府生态责任的重要内容。同时，企业和其他社会组织组成人员具有社会广泛性，在生态意识宣传与教育、生态行为监督方面有各自的领域优势，可以发挥领域专家的作用，有力地促进政府与公众的有效沟通。目前，我国生态环境治理的民间性、社会性还不很充分，相应的社会组织数量不多，活动与影响也有限。对此，地方政府可以多措并举，积极吸纳企业和非政府组织等"第三方"力量，主动塑造、壮大生态文明建设的主体力量。地方政府可以通过生态制度建设，以制度强化保障企业、社会组织及公众的合理权益，约束其各种涉及危害生态环境的行为。这既可以为企业、社会组织和公众提供适宜的活动空间，又可以引导、养成其生态环保行为，使之成长为生态环保的重要力量。例如，以知情权为核心，完善生态环保的公众参与制度。即通过完善生态环境的信息共享机制、生态环境管理监督制度、生态环境管理参与制度等，赋予公众生态环保知情权和参与权，促进其理性、有序地参与生态环境治理。又如，通过举办环境影响听证会等，拓宽公众参与环境决策和治理的途径和渠道，提高公众参与生态环境保护与生态文明建设的能力；通过提供公众购买绿色产品补贴等办法，调动其绿色生活的积极性和主动性，使其成为推进生态文明建设的重要力量。地方政府还可以借鉴国外的相关经验，如日本定期发布节能产品目录，开展节能产品和技术的评优活动；德国实施减免税、提高设备折旧率、税前计提研发费用等，都是激发企业承担生态责任，鼓励企业参与生态环保行为的有效举措。此外，在培育、塑造生态环境治理主体的过程中，地方政府应坚持正面引导、严格规范，要特别注意防止自发性的生态环保组织被境外的反对势力利用，进行危害社会主义建设的活动。

（三）生态环境治理协作

生态危机与环境污染问题具有系统性和整体性，这种生态风险的跨区域、跨领域的联动性，不仅需要企业、社会组织和公众的积极参与，互相补充协调、扬长补短，协同地方政府实施全领域的生态环境治理与服务；而且需要地方政府与其他地方政府进行跨地域的协作，实施全过程的生态环境治理与服务，从而更有效地推进生态文明建设。这种协作治理就是按照现代治理理念的要求，由政府、企业、其他社会组织、公众等不同层面的主体，构成一个资源互补、信息共享的治理组织系统，通过系统内组织间的相互合作与协同，"解决单个组织不能解决或者不易解决的问题"[①]，实现公共利益的最大化过程。协作治理强调多元主体的地位平等和基于共同目标的参与，但这并不是说组织中不可以有领导者的存在。从一定意义上说，政府的这种角色正是协作得以进行的基础和保障。具体的生态环境治理协作，需要协作主体基于生态环保与生态文明建设的共识，制定明确的协作目标，建

---

① ［美］罗伯特·阿格拉诺夫、迈克尔·麦圭尔：《协作性公共管理：地方政府新战略》，李玲玲、郇益奋译，北京大学出版社2007年版，第4页。

立起具体的协作机制。协作治理的关键在于主体间彼此的信任，"信任水平越高，合作的可能性就越大"①。应以对话沟通、信息的公开与共享等，增进主体间的信任与合作。同时，根据具体的协作内容需要，组建相应的专门协作机构，对协作治理的范围、程序、方式等做出具体规划，促进生态环境治理协作的顺利实施。这方面，美国提供了较好的经验。其《州际应急管理互助协议》（EMAC）用法律的形式将跨区域的危机管理协作机制固定下来的做法，值得我们借鉴。协作治理还强调协作规则的作用，"如果行动者之间的关系没有清晰的游戏规则，就不存在合作关系"②。因此，应建立协作治理主体行为的责任清单制度，规定各自的行为边界与责任，在责任明确、分工合理的前提下，实现有效的风险分担，保障协作治理取得实效。地方政府的性质和宗旨决定了其应当发挥主导责任，促进其与企业、社会组织、公众间，以及与其他地方政府间，多元治理主体协作治理模式的建构，把握协作治理的战略方向。地方政府应退出自己不擅长或市场能够自行调节的领域，以共享公共权力、转换职能和购买服务等形式，推进企业、社会组织承担生态治理责任，充分发挥各自的特有作用。

---

① ［美］罗伯特·D. 帕特南：《使民主运转起来》，王列、赖海榕译，江西人民出版社 2001 年版，第 200 页。
② ［法］皮埃尔·卡蓝默等：《破碎的民主：试论治理的革命》，高凌瀚译，生活·读书·新知三联书店 2005 年版，第 170 页。

第二节　地方政府生态责任的影响因素

虽然从应然的角度，地方政府生态责任的内容范围，足以支撑其有效应对辖区的生态风险，推动地方生态文明建设；但从实然的角度看，不论是消极生态责任还是积极生态责任，地方政府都没能全面履行。而影响地方政府有效践行其生态责任的因素很多，既有主观方面的地方政府行为偏好的原因，也有客观方面的行政、法律、市场等制约因素的影响。从责任主体的角度看，可以分为来自地方政府之外的影响因素，主要有行政体制、法律制度、区域定位、府际关系、文化传统、社会心理、社会舆论等；以及源于地方政府自身的影响因素，主要有政府治理偏好、组织机构构成、财政能力及知识技术能力、行政人员的素质等。

一、地方政府生态责任的外部影响因素

就外部因素来说，地方政府履行生态责任的状况，主要受行政体制、法律制度、区域定位、自然禀赋、文化传统等影响，这其中首要的就是行政体制的影响。行政体制涉及中央政府与地方政府的行政权力划分、财权与事权分配、地方政府行政机构的设置及运行机制等，其科学合理与否制约着地方政府对生态责任践

行的能力与水平。在我国现行的行政体制下，地方政府的权力来源于中央政府，是中央政令的执行机关，实行与中央政府对口的机构设置。这就让地方政府的职责、机构设置与中央政府高度同构，这种职责同构虽然有利于中央强化对地方的业务指导、行政领导及管理，获得较高的行政效率，但却是以牺牲对地方的适切性为代价的。因为在这种职责同构模式下，中央与地方政府之间、地方政府与地方政府之间存在职能划分重叠、职责权限与分工不明，容易造成中央与地方以及地方政府之间的利益冲突。地方政府既要贯彻执行中央政府的国家宏观发展目标任务，又要代表和维护地方经济发展与社会进步利益，二者之间出现利益矛盾的时候，不论是上级政府的干预或是地方政府的越权与变通，都会让中央政令的落实及其与地方利益的协调难以更好地达成。体现在生态环境保护上，就必然会削弱地方政府生态责任的践行效果。而且，政府部门之间的条块分割、职能交叉也会造成权责脱节、协调不力，导致地方政府难以顺畅、完整地履行其生态责任。此外，运行机制方面，民主科学决策机制、权力监督制约机制、责任追究机制、行政问责机制还有待进一步规范化、常态化，政府管理行为的公开度、透明度还有待进一步提升，公民参与生态治理的渠道与平台还有待挖掘与搭建，这也影响了地方政府履行生态责任的效率和效果。

在中央与地方政府的财权与事权配置上，现有行政体制安排让地方政府承担了众多生态责任，但给予其可掌控的财政资源比例相对不高，进而影响了地方政府履行生态责任的能力与效果。改革开放以来，中央与地方的利益关系调整，后转为实行分税制改革，重新划分了中央与地方的财权和事权，目标是在保证中央政府获得财政大头的同时，给予地方政府更多的地方经济自主权。但由于地方政府需要承担的地方性事务的增加，多数地方政府财政负担仍然沉重，导致部分地方保护主义泛滥。当前，我国政府正在持续调整行政体制、机制，2018年组建了国家生态环境部，整合了此前分散在国家发展改革委的应对气候变化和减排、国土资源部的监督防止地下水污染、水利部的编制水功能区划与流域水环境保护、农业部的监督指导农业面源污染治理、国家海洋局的海洋环境保护、国务院南水北调工程建设委员会办公室的南水北调工程项目区环境保护等职责，为地方政府进行相关职能整合提供了示范。这将为地方政府有效履行其生态责任，创造更好的行政体制条件。

生态环保与生态文明建设的法律法规，是影响地方政府履行生态责任状况的又一重要因素。法律法规作为显性制度，与道德习俗等隐性行为规范相比，具有明示性、强制性的特点，其刚性约束和双向激励作用影响着地方政府生态责任的履行程度。生态文明建设的法律法规通常用官方的正式文件公布，这就让地方政府生态责任的内容明示化、稳定化。法律制度对生态责任内容的这种明确规范，能够避免由于责任模糊和责任泛化，而导致的地方政府"有组织的不负责任"。当然，这种制度规定的责任内容的合理性程度，也影响着地方政府对责任践行的效果。2016 年，贵州制定了该省的生态保护责任清单，作为首部同类法规，是对地方政府生态责任具体内容制度化的一次有益探索。生态文明建设的法律法规还具有权威性、强制性的特点，其惩罚性规定能够对地方政府构成反向约束，通过对其失责行为的惩罚，强制地方政府被动履行其生态责任。《中共中央国务院关于加快推进生态文明建设的意见》就提出了建立生态文明建设责任制度，严格责任追究与问责。国务院印发的《"十四五"生态环境保护规划》也强调了地方政府的环保责任考核。与此相对，生态文明建设的法律法规的奖励性规定，则能够对地方政府形成正向激励，通过对其尽责行为的奖励，鼓励地方政府主动履行责任。如《中共中央国务院关于加快推进生态文明建设的意见》提出的生态文明建设政绩考核制度，就将对成绩突出的地区、单位和个人给予表彰奖励。更直接有效的是中央建立的生态环境保护督察制度，对地方政府开展生态环保的督察与问责，并对领导干部实行环境责任离任审计。目前，这项制度已经成为推动地方党委和政府及其相关部门落实生态环保责任的硬招实招。总的来看，我国的生态环保与生态文明建设法律法规还在不断完善之中，未来随着生态文明目标责任体系、中央环保督察制度的日益完善，随着法律监督与行政监督的愈益完备，在严格的制度和严密的法治的制约与敦促下，地方政府生态责任的践行状况必将持续向好。

地方政府履行生态责任的状况，还受该地区的区域定位和自然禀赋的影响。地方政府生态责任的具体内容体现出明显的地域特征，与其地理位置和自然资源禀赋相契合。不同的自然环境禀赋，对地方政府履行生态责任的内容侧重点的影响也十分明显。如浙江等沿海省份的地方政府，会侧重于防御台风灾害等生态责任，山西等煤炭资源丰富的地方政府，会侧重于引导煤炭产业绿色发展、采空区环境改造等生态责任等。而且，更为重要的是，不同的行政区域不仅资源环境禀赋不同，经济社会发展状况各异；而且在国家整体的经济社会发展中的区域分工不同，国家给予的政策、资金、技术、人才等各种支持和相应的要求也不同。这对不同地方政府的生态责任履行重点有着决定性的影响。

目前，就全国层面来说，"区域发展总体战略"和《全国主体功能区规划》，是不同地方政府进行区域发展定位的主要依据。同时，生态环保与生态文明建设在本区域经济社会发展中的定位、优先性程度，也是影响地方政府履行生态责任状况的重要因素。进行主体功能区划是党的十六届五中全会提出的，目的在于促进区域协调发展并形成各具特色的区域发展格局。"主体功能区是根据区域发展基础、资源环境承载能力以及在不同层次区域中的战略地位等，对区域发展理念、方向和模式加以确定的类型区，突出区域发展的总体要求。"[①] 划分主体功能区的原始依据就是资源环境承载能力，同时，还要考虑区域经济社会发展和

---

① 高国力：《如何认识我国主体功能区划及其内涵特征》，《中国发展观察》2007年第3期。

区域资源环境的协调。由此，不同区域的主体功能就分成经济功能、社会功能、生态功能，并划分出优化开发区、重点开发区、限制开发区、禁止开发区四类主体功能区。与区域的资源禀赋协调，四类主体功能区按要求实施不同的经济活动内容和产业发展方向，国家对其给予差别化的区域政策与评价指标，并给出了不同功能区经济发展与生态环保优先性问题的宏观方案，由此避免资源环境的过度开发。在优化开发区域，其资源环境承载能力已开始减弱，政府的生态责任更侧重在环境资源有效保护上；在重点开发区域，其资源环境承载能力较强，有一定经济基础，发展潜力较大，政府的生态责任则侧重在，注意环保的同时科学开发资源禀赋上；在限制开发区域，生态系统脆弱，生态重要性程度高，资源承载能力较弱，经济和人口条件不好，政府的生态责任更侧重于保持现有生态优势，严格控制开发强度；而在禁止开发区域，政府的生态责任就集中于实施强制性保护，保持其生态面貌的原真性、完整性。

此外，地方政府履行生态责任的状况，还受地域文化传统和社会心理的影响。责任主体履行责任的必要条件之一，就是具有良好的责任认知能力，即对所担负的责任有着正确的认知，理解这份责任所包含的深刻意义。主体对其所担负的责任认识越正确，理解越深刻，就越容易产生责任感，进而自觉践行责任。随着民主法治进程的推进，人们的权利意识、平等意识大大提升。但陈腐的"官本位"思维在个别人中仍部分存在，导致个别地方政府管理行为不公开、不透明，对公众敷衍应对；公众对公权监督和参与能力有限，影响了这些地方政府生态责任的践行效果。此外，随着近两年自媒体与网络的发达，社会舆论越来越能对地方政府产生压力效应，倒逼其更好地践行生态责任。

二、地方政府生态责任的内部影响因素

如果说外部因素主要是从应然与约束层面影响地方政府履行生态责任的话，那么，内部因素则是在意愿与能力两个方面影响地方政府履行生态责任。就此而言，地方政府履行生态责任的状况，主要受其生态环境治理偏好、生态文明建设能力的影响。而前者与地方政府行政价值观、行政行为惯性、主政者的偏好等密切相关，后者则与地方政府的职能与组织构成、经济能力、行政者生态素质等密不可分。

党的十六大以来，中央逐步确立了生态文明建设在国家发展战略中的"五位一体"之一的重要地位，提出了一系列生态环保与生态文明建设思想。从"可持续发展""科学发展"再到"绿色发展"，政府的价值理念已经实现了生态转向，这让地方政府生态责任的实现有了更可靠的思想条件。当然，在这个前提下，地方政府的生态责任究竟能实现到什么程度，还与地方政府对生态价值理念的认同程度有关，认同度越高，履行生态责任的内在动力越强，同等条件下尽责效果自然也就越好。在绿色发展

价值理念的指引下，过去那种地方政府为了追求 GDP，而以牺牲本地资源环境为代价的招商引资等大大减少，代之以地方政府对企业、项目环境评价的重视，对环保产业的扶持，对环保社会组织的支持等。

其次，地方政府主政者的行政偏好也影响地方政府履行生态责任的水平。组织是由人构成的，地方政府的生态责任实践，最终要落实到具体的行政人员身上，而地方行政负责人是其中最具权威与影响力的。作为主政者，地方行政首长不仅拥有调度、配置辖区丰富公共资源的权力，而且可以自主把握地方政府行政行为的自由裁量边界，甚至凭借其个人力量争取更多的行政资源。而且，受传统文化影响，多数主政者都有"为官一任、造福一方"的情结，希望在自己的任上为地方留下可为后人传颂的政绩。这也就是说绝大多数地方主政者都会在考量内外因素情况下，形成自己的行政治理偏好，而这种治理偏好必然影响地方政府的生态责任履行程度。若这种偏好与生态环保和生态文明建设方向吻合，则必然会大大提升地方政府履行生态责任的水平。若不是这样，主政者往往会将自身的偏好优先，而选择性地执行中央的生态环保与生态文明建设的要求与政策，则必然会极大削弱地方政府生态责任的践行效果。

第三，地方政府的职能与组织构成也影响其生态责任的履行状况。政府生态责任源于政府职能，政府职能是政府行为的基本方向、根本任务和主要作用。改革开放以来，伴随着市场经济的发展和社会转型的深入，政府历经了多次机构改革，政府职能也从改革开放初期的全面管制，转变到宏观调控为主，再转变到公共服务为主。从这种变化中可以看出，政府的工作重心正从经济职能，逐步向社会管理和公共服务职能转移。在这个过程中，尽管从三北防护林建设起，就体现出政府重视并实际地履行生态环保的责任了，但政府职能的类别中没有单独的生态职能，政府的生态责任因而一直包含在其他职责之中。一方面是生态责任不明确，一方面是市场经济体制改革下 GDP 政绩的分量日益重要，加上其他政府利益的考量，地方政府必然不会主动在履行生态责任上投入更多精力。而且，政府组织横向的水平分工、纵向的层级垂直分化和地域空间分化，也使得地方政府的组织机构复杂性大大提高。再加上其他主客观条件的约束，地方政府常常出现职能履行障碍，突出的表现就是"缺位""越位"与"错位"。在这种情况下，隐含于其他职能中的生态责任，也因为分散于各个不同的部门职能中，更难以被地方政府去力排障碍地实践担当。随着快速工业化带来的生态、环境和资源压力问题的凸显，党的十七大明确提出了生态文明建设的要求。此后，党的十八大，生态文明建设与经济建设、政治建设、文化建设和社会建设一起，被列为国家发展战略布局"五位一体"的一个方面；党的十九大，生态文明建设成为"中华民族永续发展的千年大计"，"美丽中国"也被纳入国家现代化目标之中；党的二十大，生态文明建设更是被提升到了"文明新形态"的高度，要求以绿色发展促进人与自然的和谐共生。这就对政府的职能健全提出了一种新的要求，使得健全地方政府生态职能，完善相应的专门机构设置成为一种必然选择。而且，在生态职能及其相应专门机构完善之前，国家颁布的生态文明建设的法律法规，已经传递出来了地方政府生态责任的内容和方向性要求，这为地方政府合理设置机构履行生态责任提供了有力依据。尽管有了依据，可地方政府能否顺畅地调整建立起生态环保与生态文明建设组织机构，并有效履行自身的生态责任，还受到相关的组织机构整合程度，及其与地方的生态资源禀赋的切合度、与地方经济社会发展的匹配度、与其他机构的相互协调度、当地人们的心理接受度等的影响。

第四，地方政府的财政能力影响其生态责任的履行状况。财政是政府生存的经济基础，财政能力是地方政府履行其生态责任的基础性能力之一。巧妇难为无米之炊，财政能力过低，往往会导致地方政府某些职能的缺位和政府行为的异化。而雄厚的财政实力和强大的财政汲取能力，则为地方政府践行生态责任提供了坚实的物质保障。以雄厚的财政实力为后盾，地方政府就能为本区域内的公众提供更多更好的生态产品；在其履行生态责任的过程中，就能展现出更强的突发状况应对能力。通常情况下，地方政府的财政能力主要包括税收征管能力和社会资金动员能力。其中，税收征管是受国家税制体系限制的，因而地方政府由此获得的财力取决于国家政策。分税制改革以后，在中央政府和地方政府之间的税收分配上，中央政府的财政能力更强了，而地方则相对减少了，这会在一定程度上影响地方政府对生态责任的承担水平。同时，地方政府的税收水平还与地方的经济发展水平直接相关，经济发达地区的财政能力更强，这也是东部地区的地方政府，能够更好地践行生态责任的重要原因之一。当然，地方政府还可以通过动员社会资金充实自己的财力，但这也受制于当地的经济发展水平和社会的观念。

第五，地方政府的生态环保与生态文明建设的相关知识、技术与管理水平影响其生态责任的实现水平。生态环保是一个系统性问题，涉及众多领域，非单一的行政能力所能解决。如引导企业发展绿色经济，制定环境准入标准等，都需要专门化的知识。而节能降噪、减轻雾霾，也需要专门的技术。将来新的生态环境危机与风险，可能还需要新的知识与技术支持。这就意味着，地方政府是否具备基本的生态治理知识与技术、较强的组织学习能力，将对其能否有效践行生态责任构成制约。比如，某地关于大豆秸秆焚烧问题的处置，就曾引发公众的质疑。这其中原因很多，但地方政府缺少相关专业知识与治理技术不当无疑是重要原因。地方政府组织生态环境治理能力的高低，很大程度上取决于行政人员的素质，尤其是生态素质。生态素质首先表现为一种生态环保的责任感，这是激发行政人员履行生态责任的重要因素。这种对地方持续发展、人民美好生活、人类生存环境的强烈责任感与使命意识，会推动行政人员积极主动学习相关生态治理知识与技术，寻找更好的治理路径，并在主动践行生态责任中找到其生命的意义感。行政人员的生态素质还体现在对生态风险与环境危机及其后果的预见力上，这种预见能力的强弱会直接决定了生态环保事件的事前防范、事中应对、事后处置的效果。学习与反思是行政人员提高生态责任能力、环境治理水平的重要途径。未来，能够完美履行生态责任的地方政府，必然是一个学习型的政府。行政人员不仅坚持终身学习，而且将反思纳入其生态环境治理的常态化流程，不断总结治理过程中的经验教训，不断提升生态环境治理能力，进而实现地方政府生态责任践行效果的持续向好。此外，地方政府及其行政人员长期形成的行政行为方式、习惯、组织氛围等，也是影响其践行生态责任的重要因素。地方政府应该从人员准入上把好关，选择各方面素质优秀、公益型人格的人，充实组织机构，这就能更好地实现其生态责任。

第三节　地方政府生态责任的实践机理

在主客观因素的影响下，地方政府履行生态责任的实践，是以对生态责任的认知和认同为行动的起点；以合理的权责配置保障生态履责能力，提升其履责行动过程的实效；以生态履责反馈落实信息公开，强化社会监督，赢得公众信任，进而达成地方政府践行生态责任的内外协同与持续改进，实现从坚定思想认识到转化为行动力量、再到反馈改进的良性循环。

一、地方政府生态责任行动的起点：认知与认同的同步

思想是行动的先导，认识是行动的动力。地方政府只有首先解决好对生态责任的思想认识问题，确立并坚定对生态文明、政府责任等理念的认知与认同，才会增强履行生态责任的内生动力，也才能自觉开启践行生态责任的行动。认知是主体选择、把握事物的知识和信息并形成相关认识与观点的过程，它是主体实施理性行为的基础，其形成的标志是知识与信息的内化。认同则是主体在实践活动中，"从自我出发寻求共同性的过程和结果"①。由于主体存在个体主体、群体主体等不同类型，组织与个人又有不同的目标追求、利益取向等，对同一事物的认知必然会存在价值与态度的差异。为了达成群体的共同行动，就需要在认可多样性的基础上，共享作为最大公约数的那部分认知，这就是认同。由此可见，认知是认同形成的基础，而认同的核心就是价值认同。"价值认同即是指价值主体不断改变自身价值结构以顺应社会价值规范的过程，它体现出社会成员对社会价值规范的一种自觉接受、自觉遵循的态度。"② 就政府的行政价值而言，

---

① 贾英健：《认同的哲学意蕴与价值认同的本质》，《山东师范大学学报》（人文社会科学版）2006 年第 1 期。

② 贾英健：《认同的哲学意蕴与价值认同的本质》，《山东师范大学学报》（人文社会科学版）2006 年第 1 期。

在新中国成立以来的"时空压缩"式社会转型过程中，主导行政价值经历了意识形态认同、经济绩效认同，现在正转向社会民生发展质量的认同。在这种大趋势下，作为地方政府生态责任行动的起点，对高质量发展中人与自然的关系、中国式现代化进程中政府责任的深刻体认，进而对推进地方绿色发展以及维护区域人民环境权的高度认同，坚持认知与认同的同步，是地方政府实践其生态责任的内在精神动力。

进入新时代，我国已经从经济高速增长阶段转向高质量发展阶段，这也是跨越"中等收入陷阱"的关键时期，经济社会发展与生态资源环境的矛盾依然突出。贯彻新发展理念，达成2025年碳达峰与2030年碳中和的"双碳目标"，已经成为我国现阶段发展的一个"硬约束"。目前，我国的生态环境质量虽然大为改善，但成效并不稳固，生态文明建设仍处于压力叠加、负重前行的爬坡过坎阶段，需要各级党委政府带领人民咬紧牙关，跨越污染防治和环境治理这个重要关口。但是，由于一些地方政府、领导干部的思想认识没跟上，对其所担负的这种生态责任的认知和认同不深，生态环保工作的主动性不足、创造性不够，甚至个别地方还存在诸如"保护就是不发展""追赶发展阶段就得付出环境代价"等片面认识。表现在地方政府的实际工作中，就是重经济增长，轻生态环保，生态环境治理与修复上投入的资金少、进度慢，甚至以各种理由搪塞拖延，对造成污染的企业或项目实行地方保护主义，对生态破坏与环境污染不作为。结果导致一些地方能源消耗大、环境污染重，甚至引发生态环境群体事件。这不仅危害到人民的生存安全与生命健康，降低政府的公信力；而且会影响社会的和谐与稳定，削弱国家的综合竞争力。只有推进地方政府及其部门对生态责任的认知与认同，才能顺畅地执行中央颁布的生态环保与生态文明建设的法律法规与相关政策制度，更好地担负起其生态环保与生态文明建设职能，防范破解经济社会发展中的生态风险与资源环境瓶颈，为公众提供更高质量的生态产品，更好地满足人民日益增长的美好生态需求。

地方政府对生态责任的认知的内容包括宏观层面的人与自然的关系、经济社会发展与生态资源环境的关系等，中观层面的国家现代化战略、绿色发展观等，以及微观层面的生态的特质、生态文明建设制度体系、生态环保的基本技术、生态治理的具体策略等。"政府生态责任认同是政府生态责任主体基于生态问题的认知、体验和情感而形成的共同价值观念，是就生态环境工作一系列问题而形成的基本共识。"① 也就是说，这种认同是地方政府在前述的生态认知基础上，基于其人民政府的性质、宗旨，经由长远利益与眼前利益、全局利益与局部利益、组织利益与个体利益的多维度比较，以及反复的内在价值调适，进而突破部门与地区利益以及其他利益集团影响的藩篱，而达成对自己所担负的生态责任的共识，并内化为其行政价值取向的过程。地方政府生

---

① 梁芷铭：《政府生态责任：理论源流、基本内容及其实现路径》，《理论导刊》2016 年第 4 期。

态责任认同的核心，是对其生态责任的价值认同。这种价值认同主要涉及三个层面，即根本指导思想层面上的社会主义生态文明与人与自然和谐共生的现代化、行政价值层面上的责任政府与绿色发展、具体操作观念层面上的环境的系统治理与生态积累。

　　地方政府生态责任的价值认同，首先涉及从国家发展全局的角度，深化对中央做出的生态环保与生态文明建设战略定位的认同，将习近平生态文明思想作为地方政府生态责任实践的根本指导思想。进入新时代，党中央越来越重视生态文明建设在国家发展中的战略地位。不论是"五位一体"总体布局的统筹推进，"四个全面"战略布局的协调推进，还是中华民族伟大复兴与永续发展的实现，都离不开有效的生态文明建设。党的二十大还从"创造人类文明发展新形态"的高度，强调了中国要走"人与自然和谐共生的现代化"道路。地方政府的各级领导与行政人员应深刻认识到，人与自然是生命共同体，"生态兴则文明兴，生态衰则文明衰"[1]，生态环境状况关系到文明兴替与民族存续。无止境地索取甚至破坏，必然会遭到大自然的报复。中国特色社会主义的现代化道路必须坚持人与自然的和谐共生，不断满足人民对美好生态环境的需求。当前的生态环保与生态文明建设工作，"是关系党的使命宗旨的重大政治问题，也是关系民生的重大社会问题"[2]，已经成为党和政府治国理政不可或缺的重要方

---

① 习近平：《推动我国生态文明建设迈上新台阶》，《求是》2019 年第 3 期。
② 习近平：《推动我国生态文明建设迈上新台阶》，《求是》2019 年第 3 期。

面。地方政府必须肩负起时代赋予的这份责任，努力"建设美丽中国、走向社会主义生态文明的新时代"。

其次，地方政府生态责任的价值认同，涉及从区域发展的角度，深化对绿色低碳高质量发展与责任政府等行政价值理念的认同，将发展生态生产力、供给生态公共品，作为地方政府生态责任实践的重要方向。作为习近平生态文明思想的重要内容，绿色发展是中央推动美丽中国建设，破解经济社会发展的生态环境困局的重要策略，它回答了中国式现代化进程中如何处理经济社会发展与生态环境保护的关系问题。作为推进现代化建设的重大原则，"绿水青山就是金山银山"，"揭示了保护生态环境就是保护生产力、改善生态环境就是发展生产力的道理，指明了实现发展和保护协同共生的新路径。绿水青山既是自然财富、生态财富，又是社会财富、经济财富。保护生态环境就是保护自然价值和增值自然资本，就是保护经济社会发展潜力和后劲，使绿水青山持续发挥生态效益和经济社会效益。"[①] 地方政府有效承担生态责任，就要摒弃重经济而轻生态的发展思路，将工作重心集中于推动发展方式的绿色转型。调整优化产业结构，推进重点领域、行业的碳达峰与碳中和，引导生物技术、新能源、新材料、绿色环保等绿色产业发展，以绿色低碳的新型工业化，使经济发展成为生态文明建设的支撑，使生态文明建设成为经济发展的新引擎，

---

① 习近平：《推动我国生态文明建设迈上新台阶》，《求是》2019 年第 3 期。

实现高质量经济发展和高水平生态环保的协同。"良好的生态环境是最普惠的民生福祉。"① 生态环境具有公共品属性，这就让生态环保责任当然地成为政府的一项基本职责。一方面，作为公共品，生态环境问题的产生，虽然是由于个别的国家、组织、个人的行为而造成，但其后果却影响到了包括后代人在内的所有人。对此，只有拥有公权力的政府才有权威、力量和资源，进行制度约束与行为监管，纠正破坏生态环境的错误行为，维护公众的生态权益。否则，各种"搭便车"行为将加剧生态环境的"公地悲剧"。另一方面，生态环境产品的供给和服务周期长、投资大，靠企业与个体无法有效提供。生态环境公共品的这种"市场失灵"，只能由政府来弥补。在大力推进社会主义生态文明建设的背景下，回应人民美好生态环境需求，为辖区公众提供更优质的生态环境公共品，是地方政府必须担负的历史责任。

最后，地方政府生态责任的价值认同，还涉及从政府发展的角度，深化对生态环境的系统治理与生态积累等治理理念的认同，将整体协同、主动塑造作为地方政府生态责任实践的重要方法论原则。生态文明提出以来，随着党中央对社会主义生态文明建设认识的深化，生态环保工作也经历了从"治理、修复到积累"的路线变化。这种操作层面上从被动应对生态风险与环境危机，到主动塑造良好生态环境的变化，体现了政府在生态治理

---

① 习近平:《推动我国生态文明建设迈上新台阶》,《求是》2019 年第 3 期。

上的历史主动精神，是政府现代化发展的一个重要体现。地方政府应从自身发展进步的维度，克服过去的被动执行中央指令模式，以及生态环境治理上的拖沓、推诿，主动想办法、采取措施开展辖区生态环境保护与治理，有效履行自身的生态责任。新时代以来，中央提出了一系列生态环境治理的具体举措，体现了政府在生态环境治理技术上的日益成熟。系统治理作为其中最突出的方法论原则，不仅体现在治理对象、治理工具上，还体现在治理主体上。就治理对象而言，系统治理思维从生态自然系统的有机统一与相互依存出发，要求坚持山水林田湖草沙一体化保护和修复，把加强流域生态环境保护与推进能源革命、推行绿色生产生活方式、推动经济转型发展统筹起来，坚持治山、治水、治气、治城一体推进，在为公众提供更多、更好的生态产品的同时，维护国家生态安全。党的二十大还进一步提出，深入打好蓝天、碧水、净土保卫战，统筹推进绿色转型、污染防治、能源革命、生态系统的质量提升，推动我国生态文明建设进入系统集成的高质量发展阶段。就治理工具而言，系统治理思维从环境治理的系统工程出发，要求综合运用行政、市场、法治、科技等多种手段。"完善资源环境价格机制，将生态环境成本纳入经济运行成本。"开展科技攻关，"对涉及经济社会发展的重大生态环境问题开展对策性研究，加快成果转化与应用"[1]，等等。政府一

---

① 习近平：《推动我国生态文明建设迈上新台阶》，《求是》2019年第3期。

方面尊重市场的作用，做好"让位"；另一方面，做好管理和服务，做好"补位"，以多种治理手段的综合运用，向生态环保的"有为政府"方向迈进。就治理主体而言，系统治理思维从区域、行业和社会协同出发，要求强化生态环境的联建联防联治，管发展的、管生产的、管行业的部门都要按"一岗双责"抓好生态环保工作。要求各区域、行业、部门要分工协作，守土有责、守土尽责的同时，还要求"动员全社会力量推进生态文明建设，共建美丽中国，让人民群众在绿水青山中共享自然之美、生命之美、生活之美，走出一条生产发展、生活富裕、生态良好的文明发展道路"①。这些治理技术让地方政府在"做正确的事"的基础上，为其"正确地做事"提供了支撑。地方政府应积极学习、实践这些生态环境治理技术，坚持整体协同、系统治理，坚持生态积累、主动塑造，以政府自身的发展更好地践行生态责任，推动辖区绿色生产生活方式的形成。

二、地方政府生态责任行动的过程：职权与职责的匹配

地方政府对生态责任认知与认同的深化，为其践行生态责任提供了强大的内在动力。而这份意愿与精神力量要转换为有效的

---

① 《习近平著作选读》第二卷，人民出版社 2023 年版，第 165 页。

行动力量，还需要地方政府相应的生态职权与职责相匹配，以权责一致原则保障其有效生态责任行动的实现。

在组织理论视野中，职权指职务范围内的管理权限，是因职位而拥有的权力。职责则是一定的组织及组织中的成员，基于特定的职务角色而必须承担的任务，其具体内容是随着时代与职务角色内涵的变化而变化的。作为组织运作的基础，职责与职权不可分，职权是职责的保障，有权无责会导致权力的滥用；职责是职权的目的，有责无权则会造成责任无法履行，二者构成了相互依存的矛盾统一体。就政府组织而言，在应然意义上，其产生与发展的根由都是满足公众需要，实现公众的利益。所以，政府的应然责任就是保护公众权利，维护公共秩序，实现公共利益。这种抽象的"元责任"① 反映了政府职责的公共性本质。由此可见，应然的层面上，政府职权是与政府职责共生的，一种为了保证政府职责的实现，而源于公众权利让渡的次生性权力，因而也具有公共性特质。但是在实然层面上，经验一再表明，"一切有权力的人都容易滥用权力，这是万古不变的一条经验。有权力的人们使用权力一直到遇到界限的地方才休止"②。如果没有责任的约束，权力就必然会走向放任和腐败。虽然政府是公权力的执行主体，但政府产生后就因其特殊角色而具有信息与权力支配的

---

① 杨淑萍、李红艳：《论政府权责关系》，《成都行政学院学报》2009 年第 2 期。

② ［法］孟德斯鸠：《论法的精神》上卷，张雁深译，商务印书馆 1982 年版，第 54 页。

优势。政府又存在自身的组织利益、行政人员个体利益，这就使其有背离公共利益的可能，而出现权力的异化。如政府及其行政人员借助其垄断性权力，谋取部门利益与个人私利，大搞腐败、寻租等。为避免这种危害公共利益行为的发生，就要制约政府职权，而政府职责就具有限制、约束和规范政府职权运行方向和目标的作用。一方面，政府职责内容的明晰，可以规范政府职权的性质与运作范围，保证其正当性与合法性；另一方面，政府职责能够以其外在强制性制约政府职权，处罚超越责任边界的职权运作行为。综上，虽然应然层面上的政府权责是共生对等的，但实然层面上的政府职责与职权往往难以等量齐观，这就让科学的权责配置成为政府有效运作的重要条件。对此，科层制理论的集大成者马克斯·韦伯也认为，只有明确划分组织成员的职责权限，倡导分工并重视业务知识，才能在层级节制的权力体系下，实现科层制组织的有序运转。[①] 对中国地方政府来说，在现行的行政体制下，其权责与中央赋予其的管理角色与任务密不可分。地方政府要有效履行生态责任，科学规范的权责配置是重要的前提和基础。

从理论上看，政府权责配置的主流观点有二：一个是权责法定原则，即借助法律规范体系，以法律制度明确规定政府的职责范围，以及相应的职权运行边界，保障政府权责的合法性和稳定

---

① Weber M., *From Max Weber: Essays in Sociology*, New York: Oxford University Press, 1946.

性。在权责法定原则下，地方政府必须依据法律制度的正式规定或授权，在其权责范围内开展活动，履行其相应职责。再一个就是分权制衡原则，即借助国家政权结构，以权力分立的政权结构设计，实现不同机构间权责的相互制约与平衡，保证对政府职权行使的监督与制约。这种原则的提出，源于传统政治学认为权力相较于责任具有优先性，责任不过是权力的派生物。权力的这种优势地位，使得组织间的权责配置转化为了对权力的划分。西方国家的三权分立就是基于此种观点的国家机构权责配置模式。但是，随着民主社会的发展，现代公共管理理论又提出责任优先于权力的观点，政府等公共部门只有履行了其公共责任，才有资格拥有超越于个人之上的公共权力。我国理论界在借鉴上述理论的基础上，结合我国的具体实际，进行了功能性分权的理论探索，提出了按照"事务分工——职能分定——责任分置——权力分立"的逻辑，实行决策权、执行权、监督权相互制约协调的结构设计。①

政府权责配置的目的是提高权力运行效率，保证权力运行不偏离增进公益的方向。所以，权责一致是地方政府有效履行生态责任的一个前提条件。地方政府的权责一致，可以从两个方面理解：一是从政府间关系的角度，坚持纵向上中央与地方分责与赋权的统一，坚持横向上不同部门间分权与分责的匹配。二是从政

---

① 陈国权、皇甫鑫：《功能性分权与中国特色国家治理体系》，《社会学研究》2021年第4期。

府与其他社会主体关系的角度，坚持政府自身权力与责任的对等，以坚守公共利益为权力运行的内在责任；坚持以责任约束权力，以违法责任惩戒偏离公共利益的权力运行。就前者而言，权责一致的关键在于，不论是横向分权还是纵向分权，都应在充分协调全局利益和局部利益关系的基础上，依据"权利与义务的公平交换原则"在不同政府间分配生态责任①，赋予其对应的权力，并以法律形式确保其不被随意变更。这个过程中要注意横向分权时保证政府环保部门及其权力行使的独立性，从而确保其有效行使环保执法监督职能；纵向分责时要遵循资源配置正义，对不同辖域的政府分配以差异化的生态责任。就后者而言，政府权责配置的关键就是要处理好政府与市场、政府与社会的关系，保证权责设置的正当性和分配的合理性。政府的权责由此体现为做好管理和服务，一方面纠正生态环保问题的"市场失灵"，激发市场主体的内生动力；一方面维护好生态公正。各级政府将"该管的事一定要管好、管到位，该放的权一定要放足、放到位，坚决克服政府职能错位、越位、缺位现象"②。可以通过健全立法（程序法、实体法）保证政府行权的规范性，通过严格执法保障政府担责的充分性。当然，这些理论上的权责配置原则，在社会与政府发展的不同阶段，也要有相应的变化，包括资

---

① 曹孟勤：《政府生态责任的正义性考量》，《人民论坛》2010年第36期。

② 《习近平关于全面依法治国论述摘编》，中央文献出版社2015年版，第60页。

金、设备、技术和人力的具体保障水平等也要随之调整，才能与时代所要求的政府生态职能相适应。

从历史上看，我国政府的权责配置在多轮的行政体制改革过程中，形成了特有的适宜条块式组织架构的配置逻辑。即"块块"关系下权责配置的放管结合逻辑，"条条"关系下权责配置的分工协作逻辑，以及条块整合下权责配置的协同治理逻辑。[1]我国的政府的组织结构呈现"条块结合、以块为主、分级管理"的模式，其中的"块"即是指一级地方党委和政府（省、市、县等），负责行政；其中的"条"是指政府中某一具体的职能部门（财政、民政等），统筹业务，各级政府职责高度同构。在这种行政组织架构下，政府的权责配置主要有三种方式：一是"以块统条"，突出一级地方政府的主导作用，以属地领导关系保证各部门严格履职尽责，同时伴有对权力运行过程的监督和制约；二是"以条带块"，突出职能部门的主导作用，以专业性指导实施垂直管理，确立了明晰的权责边界；三是"条块共推"，强调条块部门的共同参与，共享信息、资源、行动和能力。[2] 在不同的社会发展阶段，政府职能会有范围、主次的变化，政府的权责配置方式也会因之而有所不同。在相应立法滞后的条件下，这就容易造成地方政府权责边界不清的问题。新中国成立以来，

---

① 倪星、王锐：《条块整合、权责配置与清单化管理模式创新》，《理论探讨》2023 年第 3 期。
② 倪星、王锐：《条块整合、权责配置与清单化管理模式创新》，《理论探讨》2023 年第 3 期。

政府权责配置的制度化日益受到重视。随着《中华人民共和国中央人民政府组织法》《中华人民共和国地方各级人民代表大会和地方各级人民政府组织法》《关于地方政府职能转变和机构改革的意见》《关于地方机构改革有关问题的指导意见》等法律法规的相继出台，政府权责配置的规范化、法制化、标准化不断提升，各级政府与部门的权责愈益细化和明确，权力运行日益规范。

党的十八大以来，历次的中央全会都对政府权责配置提出了相应的要求。2013 年中央发布的《关于地方政府职能转变和机构改革的意见》，要求各级政府与部门对自身权责进行梳理，公布清单，明确责任主体与权力运行流程。2015 年中央印发的《关于推行地方各级政府工作部门权力清单制度的指导意见》，推出了权力清单式管理的改革举措，并率先在国家发展改革委、民政部、司法部等七个部门开展了试点。2018 年中央发布的《关于地方机构改革有关问题的指导意见》，又赋予了地方政府根据本地经济社会特点和工作需要灵活设置相关机构的权力。2021 年出台的"十四五"规划，更是明确提出了"全面实行政府权责清单制度"目标。党的二十大报告进一步强调要"转变政府职能，优化政府职责体系和组织结构，推进机构、职能、权限、程序、责任法定化，提高行政效率和公信力"①。这期间，

---

① 习近平：《高举中国特色社会主义伟大旗帜　为全面建设社会主义现代化国家而团结奋斗——在中国共产党第二十次全国代表大会上的报告》，《人民日报》2022 年 10 月 26 日。

还有行政发包制（周黎安）、项目制（陈家建）改革对政府权责关系的重构。这一系列的实践探索，愈益明确了地方政府与各个部门的权责事项，对权力运行的监督与制约进一步加强，政府履职担责水平进一步提升。生态责任也在这个过程中，随着公众对高质量生态公共品的需要的增强，而成为政府的重要职责。以贵州为代表的地方政府，还开始了对政府生态责任清单的编制试点，到目前也已经取得了阶段性的成果，有力地推动了地方政府践行生态责任。

从现实看，地方政府不同于中央政府，其职责具有执行中央政令和管理地方事务的双重性，其职权受法律和中央政府双重限制。由此，更容易出现不合理的地方政府生态环保权责配置，这也是造成其在生态文明建设中揽权避责的重要原因之一。厘清地方政府的生态职能边界，科学匹配其生态职权与职责，关系到地方政府生态责任能否有效践行。近年来开展的政府权责清单化改革，为地方政府生态权责配置的优化提供了一条有效路径。清单化管理"是一种政府部门将某项行政职能或管理活动内容细化并以清单形式加以明确的方式"①。这种政府权责清单不仅对内明确了政府的职责事项与职权边界，而且以对外公示的方式，让社会和公众对政府各部门的"应为之事""行事之权""应担之果"了然于心，方便了对政府行动的内外监督。这对政府履职

---

① 倪星、王锐：《条块整合、权责配置与清单化管理模式创新》，《理论探讨》2023 年第 3 期。

担责，规范职权运行，打造责任政府、法治政府，具有积极的促进作用。所以，建立地方政府的生态权责清单，将推进其理顺生态权责关系，规范其生态环境治理行为，提升其生态环保履责效能。要建立有效的地方政府生态环保权责清单，目前还有一些问题需要破解：一是制定清单的法律依据问题，目前尚无统一的法律标准；二是清单内容的范围界定问题，目前也还没有公认的梳理口径与权限划分共识。而且，在社会复杂性程度日益提升的情况下，如何实现清单的动态管理，使其与时代的生态环境治理需求保持同步，也是一个待解的重要问题。未来，应从标准建设、用权审核、履责效果评估、需求追踪与动态调整等环节，进一步完善地方政府生态权责清单制度，使其成为提升地方政府践行生态责任水平的重要抓手。

三、地方政府生态责任行动的反馈：信息与信任共振

合理的生态权责配置，让地方政府对生态责任的认知和认同，转换为有效履行生态责任的行动力量。为了进一步保障和提升地方政府生态责任的行动成效，还需要通过行动反馈落实信息公开，强化社会监督，赢得公众信任，进而实现地方政府践行生态责任的内外协同与持续改进。

"反馈"是自然科学最早使用的一个概念，一般指"一种信

号或信息处理方法，在此方法中，将输出结果或终端产品回馈给处理系统以允许修正错误或监控生产过程"①。后被用于传播学中，指信息由受众向传播者回流的过程，也称信息反馈。而用在管理学中的反馈，是指将管理行为的实际效果与引发的影响等信息回馈给管理者，供其对比管理目标、任务标准或外界期望，以此间的差距信息为依据，对未来管理行为进行调整的过程，其核心目标是减少现有管理行动与目标、标准或期望之间的差距。由此可见，反馈对管理过程而言具有诊断、纠偏、强化和发展功能。通过恰当的反馈，管理者不仅可以更清晰地了解到某种管理行为的实际效果、引起的相关方的反应和造成的组织与社会影响，检验管理目标的实现程度；而且能关注并在下一步行动中强化有效的管理行为，纠正低效或偏向的管理行动；并以反馈信息为决策依据，相应地调整未来的管理行动规划，提升管理行为的回应性和针对性，更高效地完成管理目标与任务的同时，实现组织自身的发展。反馈具有的这些功能，使得履责反馈成为地方政府提升其生态责任践行效果的重要环节。

反馈环节通常包含反馈发出者、反馈接收者和回馈信息三个要素。根据不同的标准，反馈可以分为多种类型。如根据回馈信息的来源，可以分为组织内部反馈与组织外部反馈；根据信息表达性质，可以分为回馈管理目标完成情况信息的客观型反馈和回

①　王晓峰、高俊波、孔繁荣：《英汉人工智能辞典》，上海交通大学出版社2019年版，第133页。

馈外界要求信息的控制型反馈；根据效果评价，可以分为传达肯定信息的正反馈和传达否定信息的负反馈；根据关注的重点，还可以分为强调管理目标完成情况的目标水平反馈、关注管理过程合法性与程序性的过程水平反馈、注重管理者自身管理能力发展的自我水平反馈等。据此，考察地方政府的生态责任行动反馈，可以首先从反馈的三要素出发。从反馈发出者维度看，地方政府的生态履责反馈主要是来自上级政府组织和社会公众的外部反馈，也有组织自身的自查自纠内部反馈，但较之外部反馈对政府履责的压力影响要小；从反馈接收者的维度看，主要是地方政府及其上级政府；从回馈信息的维度看，既有地方政府生态履责的目标水平反馈、过程水平反馈，也有自我水平反馈，涉及反馈的性质既有客观型反馈、正反馈，也有控制型反馈、负反馈。按照我国目前的生态文明建设水平，在地方政府生态履责反馈的要素与众多类型中，需要重点关注的是回馈信息与外部反馈，而这又与生态环保的信息公开、社会监督密不可分。只有做好信息公开，让公众有生态环保的知情权，生态环保的社会监督才具备了基本的前提。通过及时、合理的信息公开，上级政府、企业、社会组织、公众个体和传播媒体对地方政府生态履责的反馈信息，经由政府专设的信息平台或社会舆论平台集中，再经综合分析后，作为地方政府改进其生态履责过程的依据，推进其提升生态履责水平。若每一轮反馈，回馈信息都能得到地方政府的合理回应，并使其调整生态履责过程，就会让社会和公众的期待得到不断满足，进而不仅激励其积极参与生态环保过程，而且愈益增强对地方政府的信任，从而实现二者间的良性互动和地方政府生态履责的持续改进。

地方政府生态环保信息公开是其生态履责反馈建立的前提。只有公开信息，社会和公众才能了解本地生态环境的基本情况、地方政府生态环境治理的政策制度及其治理活动情况，才能维护自身的环境权。地方政府生态环保信息公开包含两方面内容，一方面是辖区生态环境信息公开，涉及辖区的生态资源、江河水质、空气质量等客观信息，可以在设定的网站或是定期发布的白皮书、报告中公布，让公众了解掌握本地的生态环境基本情况。公布的信息要注意细节发布程度控制，防控资源信息泄密风险。另一方面是地方政府生态环保行政活动信息，涉及地方政府制定发布的生态环保治理规划、规章制度、治理行动及其结果等。这些地方政府生态履责的政务信息公开的常态化，不仅可以普及生态环保法律法规，提升公众的生态环保意识；而且有利于公众关注、参与、监督政府的生态履责行动，增进对政府的了解与信任，提升社会与政府的生态环保协同水平。毕竟，政府信息公开的根本目的就是以透明政府实现公权力受监督，提升政府公信力。而且，相关研究也表明，政府信息公开与公众对政府的信任正相关。[①] 2008 年 5 月试行的《环境信息公开办法》是首部环

---

① Margaret Levi., Laura Stoker：*Political Trust and Trustworthiness*，Annual Review Political Science，2000 (3).

境信息公开的规范性文件，其中不仅对信息公开的主体和范围作了规定，还明确要求公开环保标准等 17 类政府环境信息。2019年《生态环境部政府信息公开实施办法》印发，明确了政府生态环境信息的内容。这些法律规章让公众的环境知情权有了保障。随着宽带互联网与大数据的出现，政府管理模式、政府与公民间关系悄然改变①。政府信息公开也开启了新的模式，这就是数据开放的探索，如《上海市公共数据开放暂行办法》。相较于政府信息公开，"政府数据开放是对政府信息公开的全面提升"②。如果说互联网初期窄带通信环境下的政府信息公开，公开的往往是经过政府加工处理的非原始信息，目的在于增进民主、监督水平，提高行政效率的话；那么，宽带互联网与大数据时代的政府数据开放，则强调数据的原始性、开放性、资源性，目标除了提升民主、监督水平外，还在于方便公众利用数据进行社会创新。而且，数据开放还有利于推动政府与公众间建立共赢的合作关系，如社会组织、公众利用数据协助政府进行生态环保风险预警、环境危机应对等，从而借由数据开发实现合作治理。但是，地方政府数据开放也面临诸如国家安全等方面的未知风险。未来，应通过专门立法解决诸如数据开放范围等难题，提升大数据时代的地方政府生态履责水平。

---

① ［英］维克托·迈尔-舍恩伯格、肯尼思·库克耶：《大数据时代》，盛杨燕、周涛译，浙江人民出版社 2013 年版，第 9 页。

② 胡小明：《从政府信息公开到政府数据开放》，《电子政务》2015 年第 1 期。

　　社会监督是地方政府生态履责反馈的重要内容与目的。生态环境与社会公众利益密切相关，高质量的生态环境治理离不开有效的社会监督。社会监督主要有公众个体监督、社会组织监督与媒体舆论监督三种类型，具体的监督机制包括民意表达、监督实施和监督奖惩三个方面。民意表达的具体渠道有信函、电话、传真、电子邮件、微信、网站等，基本形式有建议、批评、举报、控告等，现阶段的常用手段是信访和举报。畅通的民意表达机制是有效社会监督的基础。这方面的探索有民意表达代表的竞争与罢免制度、信访投诉工作机制等，为选拔出勇于担当作为、有奉献精神的民意表达代表，提出生态环保意见和建议提供了有效途径。2020年颁布的《关于改革完善信访投诉工作机制　推进解决群众身边突出生态环境问题的指导意见》，更是提升了生态环境信访投诉工作的规范化、法治化水平。有效的监督实施机制是社会监督的关键，包括环境影响评价公众参与制度、生态环境决策社会听证制度、生态环保公益诉讼制度、生态环保问责制度、公众意见回应制度等，促进政府对社会意见的及时受理与答复，推进公众积极参与环境决策，评价地方政府生态履责的绩效，追究生态环境违法违规行为的法律责任，更好地行使对政府生态履责的监督权。监督奖惩机制是有效社会监督的保障，包括举报人保护与诬告惩治制度、舆论侵权责任制度等，保证舆论监督的公正性与可靠性，惩治打击报复举报人以及故意诬告陷害行为，鼓励并奖励举报人，提高公众监督的积极性和主动性。此外，推进地方政府生态履责的社会监督，还应建构群防群控的社会监督网络，将生态环保志愿者、利益集团逐步纳入进来，建立完善志愿者、利益集团的意愿表达渠道与方式，与媒体监督、社会组织监督、公众监督共同构成立体化、分层次的社会监督体系，推动生态环保问题的早发现、早反馈、早治理。未来，大数据应用的深入，将重塑社会监督的主体、平台、渠道与流程，推动建立形成社会有序反馈，政府及时回应，生态环境治理持续改进的良性循环。

第四章　地方政府生态责任的实践及经验

"以史为鉴，可以知兴衰，以人为鉴，可以知得失。"梳理地方政府生态责任的实践与探索可见，落实地方政府的生态环境治理主导作用、构建完备的生态环保法律制度体系、运用政策与科技推动生态环保产业化、强化公共责任引领公众参与生态环保等，是地方政府生态履责的主要经验。这些经验的实践应用，将让风险境遇下地方政府的生态环境治理事半功倍。

第一节　我国地方政府的生态履责探索

新时代以来，生态文明建设被纳入中国特色社会主义事业"五位一体"总体布局，生态保护与环境治理明确成为我国政府的一项重要工作。各级地方政府为了将党中央的布置与相关政策要求落到实处，纷纷结合地方特点，不断探索生态文明建设的新方法与新路径。作为这种探索的典型，河湖长制和秦岭生态整治，为地方政府履行生态责任，破解生态履责困境提供了有益的经验借鉴。

一、河湖长制实践中的地方政府生态责任

"河湖长制"是一项具有中国特色的河流湖泊污染治理制度，即由各级党委、政府主要负责人担任"河湖长"，负责其辖区内河流湖泊的污染治理。该制度源于诞生在 2007 年的"河长制"，是江苏省无锡市为应对当年爆发的太湖"蓝藻事件"而首创的一项河流污染治理制度。该制度是在当时通行的河流水质改善领导督办制、环保问责制基础上的制度创新，目的就是要在治理河流污染的基础上修复河流生态，并确保河清水洁、岸绿鱼游的良好河流生态能够长时期保持。这一制度创新的良好实践效果，后经地方经验推广，又由中央制度确认，而上升为一项全国性的生态环保的有效制度举措，是地方政府有效践行生态责任的一个典范。"河湖长制"不仅明确了各级党委政府在水环境治理上的具体生态责任，而且协调、整合了水环境治理的各种力量和资源，形成了水环境治理的全社会共治氛围，促进了人与自然的和谐共生。

"河湖长制"的诞生源于水环境风险的危机应急管理，此后历经十多年、大致三个阶段的实践，逐渐从一项地方实践扩展到全国，有力推动了全国各地的水环境治理工作。2007 年 5 月，

太湖蓝藻暴发引发当地 200 多万居民的生活饮用水危机。为了应对此次危机，无锡市委、市政府全力治理太湖，开展了"6699"行动，出台了《无锡市河（湖、库、荡、汊）断面水质控制目标及考核办法（试行）》，将辖区主要河流断面水质的监测结果纳入党委政府负责人政绩考核指标，以河道综合整治为抓手的"河长制"管理模式开始建立。党委、政府主要负责人担任"河长"，其主要职责涉及改善水质，恢复水生态，以及全面提升河道功能等，通过成立领导小组以及下设办公室，动员起全社会的力量加入治理活动，建构起整套的水环境治理体系。2008 年 9 月，无锡市委、市政府联合下发《关于全面建立"河（湖、库、荡、汊）长制"全面加强河（湖、库、荡、汊）综合整治和管理的决定》，从组织架构、责任目标、措施手段、责任追究等多个层面，对"河长制"管理工作作出了全面、明确的规范。制度化后的"河长制"，不仅明确了各级党委政府的生态责任，而且成立了相应的管理机构，组织开展河道综合整治，协调区域间水环境治理问题，落实水环境治理规划及实施方案，确保河湖水质的全面改善；而且通过设置公示牌，标明"河长"姓名、联系电话、"河长"职责等，动员公众发现河湖污染情况随时举报，以社会监督保障水环境治理实效。从应对危机的运动式治理，到稳定、长效的制度机制，无锡市在水环境治理上对其生态责任进行了有益的探索和成功的实践。

无锡市"河长制"的成功实践，得到了江苏省委、省政府的重视与肯定。2012 年，江苏省印发《关于加强全省河道管理"河长制"工作的意见》，在全省推广无锡市"河长制"经验，以保障供水安全、河道防洪安全、生态安全。此后，"河长制"经验又拓展到浙江、天津、福建、江西、安徽、北京、海南等地，到 2016 年，已有 5 省 2 市出台了推行"河长制"的相关文件。当年 12 月，中共中央办公厅、国务院办公厅印发了《关于全面推行河长制的意见》，"河长制"升级为全国性的水环境治理的一项战略举措。至此，"河长制"不仅为广大公众熟知，动员起了巨大的社会共治力量，而且延伸到了水库、湖泊等水体，成为集"湖长""库长"等于一体的"河湖长制"。以地方党政首长负责制为核心的"河湖长制"，在保护水环境上发挥了重要作用。不仅其首创地无锡太湖的总体水质符合Ⅳ类标准，主要饮用水源地水质全部达标，而且，在该制度推广应用的其他地区，河流污染也都得到控制，水环境有了明显改善。

近年来，各地方都在积极探索"河湖长制"的升级版，从而为落实地方政府的生态责任找到有效路径。主要的探索方向涉及"河湖长制"的配套制度建设、社会协同的落实举措、治理资金的多方筹措等。关于"河湖长制"的配套制度，其中最关键的是负责人工作成效的考核与责任追究制度。特别是水环境常态化治理下，细化的"河长制"考核体系，以及包含显性责任与隐性责任的责任追究制度，是确保"河湖长制"落到实处的制度依据，这方面还有许多工作要完善。关于社会协同的落实举措，主要问题在于激发公众参与水环境治理的热情，以制度方式引导公众的有序、有效参与。目前许多地方"河湖长制"的公众参与还仅仅停留在社会监督层面，更深度的治理参与还有待政府动员。这就需要地方政府通过完善相关的听证制度、社会水环境保护组织的引导支持制度等，发挥社会力量的作用，形成水环境治理的全民行动。关于水环境治理资金的筹措问题，不仅需要地方领导的重视与投入，而且需要转换观念，从"两山"理念出发推进自然资源生产力的价值转化，将生态环保变成经济增长点。此外，地方政府目前也开始探索动员社会资金投入的办法，这些都将为"河湖长制"的落实提供更有力的资金保障。

二、秦岭生态整治中的地方政府生态责任

被誉为"中华龙脉"的秦岭是中国南北气候等自然地理要素的分界线，是长江、黄河重要支流的涵养地，是中华文明繁衍和发展的地理根基之一。作为重要的生态安全屏障，秦岭具有保持水土、涵养水源、调节气候、维护生物多样性等诸多生态功能，不仅是"天然中药库""生物基因库"，而且影响到长江和黄河中下游地区经济社会的永续发展。秦岭的生态环境保护功在当代，利在千秋。然而，受各种因素影响，秦岭的生态环境曾一度遭受严重破坏。进入新时代以后，尽管中央一再强调秦岭生态环境保护的重要性，但一些地方政府行政人员依然阳奉阴违，致

使秦岭生态环境整治迟迟未能收到实效。直到 2018 年的秦岭北麓违建问题专项整治活动，才使得秦岭的生态环境保护工作真正走深、走实，并初见成效。这其中地方政府生态责任的虚置，是值得汲取的重要教训。

秦岭曾为中华文明的繁衍发展贡献了诸如木材、矿产等各种类型的巨量资源，但过度的消耗也直接导致了关中地区生态环境的恶化，甚至影响到农业生产和社会的发展与稳定。新中国成立以来，国家对秦岭的种质资源等生态情况进行了较多的调查，但对秦岭的生态环保工作关注不够。根据现有的研究，1989 年之后，随着人口增加、工业化程度加快，秦岭的生态安全指数开始下降，2000 年时即处于不安全状态，2001 年之后曾一度处于临界安全状态。[1] 随着国家对生态文明建设的重视程度日益加深，2007 年 1 月，陕西省政府印发了《陕西秦岭生态环境保护纲要》，明确规定禁止任何单位和个人在秦岭从事房地产开发、修建商品住宅和私人别墅。

为解决秦岭生态环境破坏问题，党中央多次对秦岭的生态环保问题作出重要决策，中央还派遣巡视组对陕西省开展环境保护督察。2018 年 7 月底，针对秦岭北麓违建问题的专项整治行动也大规模展开。专项整治特别强调了秦岭生态环境整治涉及复杂的利益关系，地方政府必须提高政治站位，地方的领导干部必须

---

① 陈怡平、张行勇：《大秦岭生态环境：过去、现在与未来》，《中国科学报》2019 年 3 月 7 日。

以强烈的政治担当，下决心全面、坚决地查处违法、违规行为，以有力的措施彻底地实施整改，铲除其中涉及的腐败分子，拆除违建的别墅，推进秦岭整治切实取得实效。

为贯彻落实习近平总书记关于秦岭生态环保的重要指示批示精神和党中央的有关部署，陕西省政府印发了《秦岭生态环境保护行动方案》，明确了要重点抓好乱搭乱建、乱砍乱伐、乱采乱挖、乱排乱放、乱捕乱猎问题的整治。同时，西安政府也把《西安市秦岭生态环境保护条例》的法律解释作为一项重点工作，要求相关部门根据各自职责制定相应的条例实施细则。地方政府还制定了秦岭生态保护红线，加强秦岭环保执法队伍建设，强化制度的执行环节，坚持"谁破坏、谁受罚"的原则，严格依法管制秦岭区域的各类开发建设，严格执行耕地和生态空间的用途管制制度，坚决打击各类破坏秦岭生态环境的违法行为。而且，为了纠正一些行政人员在秦岭生态环保工作中的不作为、乱作为以及懒政、怠政行为，地方政府围绕"谁负责""什么时间段内负责"等问题，进一步细化了领导干部任期生态文明建设责任制、问责制及终身追究制，明确了不同层级的地方政府与负责人的秦岭保护责任目标和责任范围，落实法定职责必须为、法无授权不可为原则。地方政府在秦岭生态整治工作中，针对突出问题成立专项工作组，编制"整治工作台账"，实行"问题销号管理"，并通过卫星遥感、随机核查、实地暗访等方式，准确掌握秦岭生态环保工作进展，让秦岭的生态环保工作逐渐实现了法制化、规范化、常态化，推动了国家和区域生态安全的保护工作。此外，为了提升公众的生态环保意识，推动其积极参与到秦岭的生态环境治理中去，地方政府还通过大众传媒等，宣传普及秦岭生态环保的法律法规，推广绿色低碳项目，倡导全民参与秦岭保护，形成保护中华龙脉的社会氛围。

第二节　地方政府生态责任实践的经验

从前述我国地方政府在生态环保、生态风险应对上的做法，与我国地方政府在河湖长制实践以及秦岭生态整治中的作用，可以得出以下几点地方政府履行生态责任的有益经验：一是要落实地方政府的生态治理主导作用，二是应构建完备的生态环保法律制度体系，三是要运用政策与科技推动生态环保产业化，四是应强化公共责任引领公众参与生态环保。

一、落实地方政府的生态治理主导作用

总体上看，在治理生态环境污染时，不同发达国家的生态环境治理过程虽然各有特点，但各国的政府都在其中发挥了至关重要的主导作用。由此可见，正是政府在生态环境治理中的这种主导角色，才推动了社会其他方面力量的积极参与，从而实现了高

效的生态环境治理。发达国家的政府在生态环境治理中所表现出的这种主体作用,其实也是当今世界政府治理发展趋势的一个体现。这种趋势就是不论何种意识形态,政府作为社会管理者,在社会发展中所起到的作用都在日益增强。就我国而言,政府本就是社会管理的中心,只是生态环境治理领域,地方政府的主体作用还没有得到充分的重视,出现了一定程度的缺位。所以,更该借鉴发达国家的做法,引领、推进生态治理工作。地方政府应该建立地区发展的生态环保规划,构建既与中央法规协调又能体现地域特点的生态环保法规细则,使地方的生态环境治理有明确的指向与遵循。在完善法律制度的基础上,地方政府还应建构有效的生态环境监督管理体制,强化环境监管职能;设立专门的机构和负责人,协调和处理跨地区、跨领域的生态环境保护问题;明确各类环保主体的职责,做到权责分明,将环保责任落实到位;加大对生态环保信息公开的广度和深度,让公众的生态环保知情权得到确实保障,从而促进广大公众更好地参与生态环境治理。当然,地方政府生态环保主导作用的发挥,很大程度上要靠行政领导。习近平总书记就曾多次强调,生态环保能否落到实处的关键在领导干部。为了落实干部责任,党中央还在 2015 年 7 月召开的全面深化改革领导小组第十四次会议上,通过了开展环境保护督察的方案,强化生态环保"党政同责"和"一岗双责"的要求,强调要通过环保督察工作机制落实环境保护主体责任,促进领导干部目标责任考核制度、领导责任追究制度的完善。当年年底，中央环保督察组进驻首个督察试点——河北。首轮中央环保督察历时两年，查出了诸如海南违规围填海开发、长白山国际度假区违法违规建高尔夫球场和别墅、祁连山生态破坏等一批生态环境问题。2022年，《中央生态环境保护督察整改工作办法》印发实施，进一步规范和深化了督察整改工作，强化了地方政府生态环保整改的主导责任。

二、构建完备的生态环保法律制度体系

我国现有的生态环境治理的法律制度还存在协调性方面的欠缺，甚至有个别的彼此冲突的条款。所以，政府应在立法领域加强对生态责任的制度建设，学习其他国家的相关领域的先进经验，分层次、分领域地制定详细的生态环境保护责任法。法律条文应尽可能地清晰严明，对于各类具体的破坏生态环境的行为，惩处规定应详尽透明。同时，政府应在法律制度建设中借鉴国外的先进做法，坚持民主原则和科学原则，听取来自专家、公众的不同意见，使生态环境保护立法更符合中国国情。近几年，我国大力强化了生态环境治理的制度建设。如生态环境部印发的《环境影响评价公众参与办法》已于2019年1月1日起实施。同年颁布的《中央生态环境保护督察工作规定》明确了例行督察、"回头看"督察和专项督察等三种督察类型，并经由实践形成了较为完善的督察范式和工作程序。为了将中央生态环境保护督察

工作推向纵深，2021年5月10日起施行《生态环境保护专项督察办法》，督察制度体系进一步完善。2023年7月1日，最新修订的《生态环境行政处罚办法》开始实施，为基层执法人员加强和规范生态环境行政处罚提供了工作遵循。尽管我国生态环境治理的制度建设已经取得显著成效，但也还有一些方面需进一步完善。如促进绿色低碳生产和生活方式的制度体系、推进垃圾分类和资源利用的废弃物循环利用制度等，还有待健全和完善。

三、运用政策与科技推动生态环保产业化

高新技术的探索和利用是以德国、日本为代表的发达国家生态环境治理的重要途径，也是其取得生态环境治理成功的重要支撑，值得学习借鉴。技术创新是未来产业发展的增长点，政府应通过各种政策激励，推动生态环保的技术研发，用科技创新推动生态环保的产业化。诸如运用以数值模型、算法等为代表的生态环境数据分析技术，提升生态环境监测精准性与智能化水平，利用互联网、物联网、5G等新一代信息技术，提升生态环境监测的现代化水平，通过高空视频监控、企业工况监控、污染源卫星遥感监测等技术手段，提升环境污染和生态破坏的风险评估与预警精度等。目前，我国的塞罕坝机械林场就运用卫星、直升机、无人机、探火雷达等技术，建立了"天空地"一体化森林草原

防火监测体系，及有害生物的智慧监测与治理体系，实时监控林场花草树木的安全。① 同时，环保产业的环境效益、社会效益和经济效益明显，是解决生态环境污染与破坏问题，实现生态善治的重要途径。政府可以运用行政手段、法律措施和市场机制等促使企业和个人重视并采取实际环境保护行动。诸如对环保企业减免财产税、销售税等，以及对出口环保产品免征出口税等经济手段，具有市场亲和力和易于操作的优势，是发达国家常用的激励措施。发达国家还对会造成污染和消耗自然资源的产品征收环境税，从而刺激和促进节能环保产品与新型生产加工技术的研究开发。如对倾倒的垃圾实行按数量收费，对于公司及企业垃圾征收垃圾填埋和焚烧税等做法，就能够达到刺激相关主体减少废物生产和垃圾倾倒，并提高这些垃圾废物再利用程度的目的。可以利用的环保经济优惠政策还有补贴、押金制、建立市场、执行鼓励金及环境损害责任保险等。还有德国以推进公共交通服务体系建设、鼓励自行车出行等政策，建设绿色城市。这些举措，我国都可以根据实际情况选择性借鉴。今后可以加快构建支持绿色低碳发展的财税政策、金融政策、投资政策、价格政策，健全资源环境要素市场化配置体系，建立能源产供储销体系，促进资源节约集约利用，行业的绿色低碳转型，以及生态产品的价值实现，推进生态文明建设深入发展。

---

① 张腾扬：《河北塞罕坝机械林场：科技续写绿色奇迹》，《人民日报》2022年7月7日。

四、强化公共责任引领公众参与生态环保

发达国家公民的生态环保意识相对较高，这与其良好的生态教育和公民参与文化密不可分。西方国家都很重视提升公众的生态环境素质，几乎所有学校都开设不同级别的生态科目，教授生态环境知识。我国可以借鉴这种做法，将生态环保纳入到整个国民教育体系中，并设立合理的生态环保知识考核办法，提升公众的生态环境素质。当前，我国公众参与生态环保的意识还有待提高，需要政府以公共责任的强化为重点，不断创造条件培育公众的生态环保参与意识。同时，可以学习借鉴西方的做法，加大政府的生态环保信息公开，培育生态环保类型的社会组织，多措并举，促进生态环境治理公众参与度的提升，推动我国生态文明建设的发展。

健全的生态环保专门机构，合理的运作机制，是生态环境管理顺利进行的重要保障。借鉴发达国家的有益经验，并结合我国实际，畅通生态环保机构的运行机制，做好精细化管理，细化不同地方政府的差异化生态责任，充分发挥环境保护监察和监测的作用，推动生态环境治理向纵深发展。

第五章 地方政府履行生态责任的关键与原则

综观理论上的生态责任践行机理，以及实践中的生态履责困境与经验，地方政府生态责任实践的关键问题是如何依据社会主义生态文明观与国家治理观转换地方政府的行政理念，如何在坚持党委领导与政府主导的前提下协调党政关系，如何依据马克思主义政府观与人民观落实公众参与，从而高效地推进人与自然和谐共生的现代化。为此，地方政府履行生态责任应科学认识经济理性与生态理性，兼顾经济发展与生态环保；客观分析生态环境问题的跨域性与地区发展的不平衡性，协调地方利益与全局利益；辩证看待地方政府组织的单一性与复杂性，平衡个体责任与组织责任。

第一节 地方政府履行生态责任的关键

党的二十大明确提出，要以中国式现代化推进中华民族伟大复兴，并将"促进人与自然和谐共生"作为中国式现代化的一项本质要求，强调尊重自然、顺应自然、保护自然，走生产发展、生活富裕、生态良好、生命安全的高质量文明发展道路。地方政府必须以习近平生态文明思想为指引，转换行政思维，坚持绿色发展、系统治理、生态安全理念；协调党政关系，坚持党委领导、政府主导、分工合作原则；落实公众参与，坚持实质参与，有序参与，科学参与，才能破解生态履责困境，加快推进人与自然和谐共生的现代化，助力中华民族的伟大复兴与永续发展。

一、行政理念的转换

新时代以来，生态文明被提升到关系强国建设与民族复兴的高度，受到了前所未有的重视，也取得了举世瞩目的生态环保成就。但是截至目前，我国生态资源环境的结构性、根源性压力尚未根本缓解，生态文明建设仍处于压力叠加、负重前行的关键时期。[①] 作为生态环保的关键责任主体，地方政府必须转换传统行政思维，树立绿色低碳发展理念，秉持系统治理方法，守牢生态安全底线，才能以有效的生态责任实践，为高质量发展提供高品质的生态环境支撑，进而推进人与自然和谐共生的现代化。

随着现代化进程的推进，生态资源环境越来越成为影响经济

---

① 《全面推进美丽中国建设 加快推进人与自然和谐共生的现代化》，《人民日报》2023 年 7 月 19 日。

社会发展的突出问题。资本主义发达国家的发展过程表明，环境污染和生态破坏是西式现代化无法克服的难题。社会主义的中国在现代化过程中，为了处理好经济社会发展和生态环境保护的关系，探索走出了一条不同于西方的中国式现代化新路。"人与自然和谐共生"是这条现代化新路的重要特征与基本要求，"绿色低碳发展"则是推进人与自然和谐共生现代化的现实路径。绿色低碳发展意味着我们走的是一条以保护生态环境来促进经济社会进步的发展道路，是坚持生态优先、节约资源、保护环境前提下的可持续发展，目的就是实现生产发展、生活富裕、生态良好、生命安全的文明发展。作为中国共产党执政理念的最新表达，这一发展理念建立在马克思主义的生态价值观、发展价值观和生命价值观基础上，坚持尊重自然、顺应自然、保护自然，坚持生态生产力观点，科学回答了人与自然、现代化与生态化的关系问题，是对过去经济社会发展经验和教训总结后的认识提升。新中国成立初期，为了国家建设资金的原始积累，曾过度开发自然资源，造成了部分地区生态环境的损害。改革开放后，为了快速提高生产力发展水平，也曾一度形成了"以加快推进工业化、市场化和城市化为主要特征，以追赶超越西方发达国家的现代化为目标的模式"[①]。这种模式以劳动要素、资源要素投入为主，在激发社会活力、推动经济高速增长的同时，其高消耗、粗放式

---

① 燕芳敏：《人与自然和谐共生的现代化实践路径》，《理论视野》2019 年第9 期。

发展不仅造成了突出的生态环境问题，而且也让"唯 GDP 论"的政绩观一段时间内居于主导地位。随着改革开放的深入，快速发展累积的生态资源环境问题日益凸显，并成为我国现代化建设的制约瓶颈。为了在人均资源不足、环境承载力较弱的基础上推进社会主义现代化，必须超越西式现代化先污染后治理的模式，摒弃以牺牲生态环境来换取经济发展的模式，实现发展方式的生态转向，走人与自然和谐共生的中国式现代化新路，"推动形成绿色低碳循环发展新方式"[1]。

作为生态环境治理的关键责任主体，地方政府必须摒弃"唯 GDP 论"的旧式思维，树立绿色低碳发展理念，深刻体认"破坏生态环境就是破坏生产力，保护生态环境就是保护生产力，改善生态环境就是发展生产力，经济增长是政绩，保护环境也是政绩"[2] 的思想，尊重自然规律，秉持绿色 GDP 的治政主旨，"加快推动发展方式绿色低碳转型，坚持把绿色低碳发展作为解决生态环境问题的治本之策，加快形成绿色生产方式和生活方式"[3]，"决不以牺牲环境为代价去换取一时的经济增长，决不走'先污染后治理'的路子"[4]。当前，我国的经济社会发展已

---

① 习近平：《论坚持人与自然和谐共生》，第 51 页。

② 习近平：《干在实处 走在前列——推进浙江新发展的思考与实践》，第 186 页。

③ 《全面推进美丽中国建设 加快推进人与自然和谐共生的现代化》，《人民日报》2023 年 7 月 19 日。

④ 《习近平关于社会主义生态文明建设论述摘编》，中央文献出版社 2017 年版，第 20 页。

经进入到高质量发展阶段，加快推动绿色低碳循环发展，是地方政府推动现代化的生态转型，实现中华民族永续发展的历史使命。地方政府要将"绿色低碳发展"理念上升为指导辖区经济社会发展的根本战略，贯穿于经济社会的各个领域与发展的全部过程，落实到本地行政人员的工作实践之中。绿色低碳发展的关键是促进生产方式从外延式向内涵式转变，引导公众形成绿色低碳的生活方式。其重点在于调整区域产业布局，加快产业的绿色转型升级，倡导简约适度、绿色低碳的生活方式，以绿色化、低碳化的高质量发展，推进人与自然和谐共生的社会主义现代化。浙江省委、省政府 2003 年就提出要"发挥浙江的生态优势，创建生态省，打造'绿色浙江'"①。经过"八八战略"20 年的实施，浙江能源、消费、产业结构不断优化，人民的生态环保意识大为提升，环境质量明显改善，成为美丽中国建设的先导。

从文明发展史上看，人与自然的关系经历了从原始文明时代人完全受控于自然，到农业文明时代人抵御自然灾害谋生存、工业文明时代人管理环境污染谋增长，再到生态文明时代人治理生态环境谋发展四个阶段。人类对自然的开发利用能力越来越强，对人与自然的关系的认识也螺旋式深化，从被动受支配、到主动利用开发、再到和谐共生，实现了从环境保护到生态环境治理的范式转换。作为民主化大潮下"管理"的进阶替代，"治理"强

---

① 习近平：《干在实处　走在前列——推进浙江新发展的思考与实践》，第72页。

调管理主体的多元与合作、管理手段的多元，以及自上而下的管理与自下而上的参与的结合。同时，由于生态环境问题本身的系统性和整体性，仅靠政府自己以及某种单一管理手段，也难以实现有效的治理。因此，地方政府要践行生态责任，做好新时代的生态环境治理，就应转换旧式的管制思维，树立现代的系统治理理念，通过多元主体的共建共治，多种治理手段的组合运用，实现生态环境的全过程系统治理。而且，从马克思的社会有机体理论看，作为"五位一体"总体布局的重要组成部分，生态文明建设渗透于经济、政治、文化、社会领域之中。新时代生态环境治理"不仅包括物质层面，也把生态文化等精神层面的工作提升到新的高度，并包括绿色经济、环境外交、生态健康及生态科技等多视角、全方位的管理"[①]。只有坚持统筹兼顾、多措并举、整体协同、系统推进，才能推动生态文明建设诸多要素的自由流动，促进现代化建设各个领域的绿色化。

作为现代生态环境治理的基本方法论，系统观念首先体现为生态系统与生命共同体理论。地方政府秉持生态环境治理的系统观念，就应坚持"山水林田湖草沙一体化保护和系统治理"。一方面强化全流域、全过程保护与修复，协同减污和降碳，推进节能减排、污染治理与生态安全；另一方面促进各种离散生态资源的组合，实现生态要素的相互赋能，以生态系统的丰富性塑造提

---

① 李萌、娄伟：《中国生态环境管理范式的解构与重构》，《江淮论坛》2021年第5期。

升环境韧性。其次，生态环境治理的系统观念还体现为治理手段的综合性、集成性。这就要求地方政府转换过去的单一行政命令手段，代之以行政、市场、法治、科技等多种手段的综合。通过财政、税收、科技、信用、法治等多种手段，"统筹各领域资源，汇聚各方面力量，打好法治、市场、科技、政策'组合拳'"。还可以探索把碳排放权、用能权、用水权、排污权等资源环境要素一体纳入要素市场化配置改革总盘子，支持出让、转让、抵押、入股等市场交易行为，为美丽中国建设提供更多保障。此外，生态环境治理的系统观念还体现为治理主体的多元协作上，包括国内与国际两个层面。就国内来说，地方政府秉持生态环境治理的系统观念，就是要顺应时代的发展要求，将企业、社会组织、公众等都纳入到治理主体中来，健全与其他主体进行生态环境合作治理的各种条件，积极与其他地方政府开展区域、流域的协作治理，推进生态破坏与环境污染的联防联治。就国际而言，地方政府秉持生态环境治理的系统观念，就是要根据国际形势的变化，秉持分工合作、共享共荣的心态，站在为子孙后代负责的高度，开展生态治理的国际协作，以环保企业合作、友好城市建设等方式，积极参与到人类命运共同体和地球生命共同体建设之中，推动全球绿色发展与清洁美丽世界建设。

与西式现代化模式相伴的环境污染、生态破坏、资源浪费，不仅割裂了人与自然的统一关系，而且威胁着人类的生存发展安全。当今世界正进入动荡变革期，发生系统性风险的可能性也在增加。而这种风险社会的一个重要问题，就是生态环境风险的分配。这让防范环境风险与维护生态安全，成为建设人与自然和谐共生现代化的关键。历时三年多的新冠疫情的全球大流行，就凸显了作为生态安全内容之一的生物安全的重要性。针对实践中的教训与国际环境的变化，党中央重新审视了发展和安全的辩证关系，提出了包含生态环境安全在内的总体国家安全观，要求树立底线思维与忧患意识，统筹发展与安全。作为一种全球性的新型安全，"生态环境安全是国家安全的重要组成部分，是经济社会持续健康发展的重要保障。'图之于未萌，虑之于未有。'要始终保持高度警觉，防止各类生态环境风险积聚扩散，做好应对任何形式生态环境风险挑战的准备。"① 这就要求地方政府重塑安全理念，杜绝"经验主义"和"侥幸心理"，从维护生态安全的角度来切实落实自身的生态责任，守牢美丽中国建设安全底线，贯彻总体国家安全观，积极有效应对各种风险挑战，切实维护生态安全、核与辐射安全等，保障我们赖以生存发展的自然环境和条件不受威胁和破坏。

为有效防范生态环境风险，保障经济社会持续健康发展，地方政府要增强责任感和自觉性，把生态环境风险纳入常态化行政管理，系统构建事前严防、事中严管、事后处置的全过程、多层级的风险防范体系，定期研判生态环境领域潜在风险，不断提高

---

① 《习近平谈治国理政》第三卷，第370页。

风险防范意识和对风险的洞察力与预见力。要建立辖区内的各类生态环境风险隐患清单，并定期核对调整，强化"一废一库一品一重"等重点领域环境隐患排查与风险防控，提升预警预报和风险防范水平；持续推进环境应急能力建设，健全突发环境事件处置机制，提前制定应急预案，开展应急演练，既防范"黑天鹅"事件，也防范"灰犀牛"事件，及时将各类生态环境风险隐患消除在萌芽状态。重点要强化生态环境执法监管与保护修复，守牢国土空间开发保护底线，守住 18 亿亩耕地红线。特别是要落实中央关于确保核安全的要求，修订核与辐射应急预案，加快推进区域核与辐射应急监测物资储备库立项建设，加强核与辐射监测网络建设，做好近海辐射环境专项监测。此外，在国际层面，维护生态环境安全还体现在生态环保行动的自主性上。诸如碳达峰碳中和目标的实现方式和路径、节奏和力度等，要根据党中央的部署和辖区的实际情况谋划和推进，不能受他国力量左右。

二、党政关系的协调

如何处理好党委领导与政府主导的关系，是新时代生态环境治理的核心和关键。必须理顺党政关系，坚持党委领导、政府主导、分工合作原则，深化生态文明体制与机构改革，将党委领导、政府主导、企业主体、社会组织和公众共同参与的"大环保"格局建构在实处。不同于西方政党的选举工具角色，中国共产党作为"使命型政党"和"治理型政党"①，其执政任务就是领导国家建设、参与国家治理，党是国家治理体系的重要主体之一。"如果西方党政张力的实质是社会利益的结构性张力，那么中国党政张力的实质则是权力主体的结构性张力"②，这种张力在现实层面上表现为执政党与政府的职能与机构的交叉叠加。而这种职能与机构的交叠必然导致党政各自担负的责任界限模糊不明，造成地方政府践行生态责任的困境。因此，协调党政关系就成为地方政府有效履行生态责任的又一关键问题。党的十八大后，中央明确了"党政分工"的原则，指出"处理好党政关系，首先要坚持党的领导，在这个大前提下才是各有分工"③。党政分工原则在明确党政关系中党的核心地位的同时，主张以"党""政"职能配置的合理分工与组织载体的适当分离和融合，保障"党""政"的高效运转，推进了党政关系的规范化。在此基础上，党的十九大提出"统筹考虑各类机构设置，科学配置党政部门及内设机构权力、明确职责"的党政全面统筹改革思路，

---

① 唐皇凤：《使命型政党：新时代中国共产党长期执政能力建设的政治基础》，《武汉大学学报》（哲学社会科学版）2018 年第 3 期。郭定平：《百年中国共产党的独特性再认识——基于治理型政党的视角》，《四川大学学报》（哲学社会科学版）2021 年第 2 期。

② 沈亚平、范文宇：《党政分工：新时代机构改革的深层逻辑》，《天津行政学院学报》2020 年第 3 期。

③ 中共中央宣传部：《习近平新时代中国特色社会主义思想学习纲要》，学习出版社、人民出版社 2019 年版。

开始探索职能相近的省市县党政机关合并设立或合署办公。党的十九届三中全会提出党和国家机构改革要"增强党的领导力，提高政府执行力"①，进一步从职能配置、人事配备和机构设置上推进党政的全面统筹，并要求从中央到地方贯彻党政的全面统筹。党的二十大再次强调"把党的领导落实到党和国家事业各领域各方面各环节"②，2023 年的《党和国家机构改革方案》，通过机构合并与功能整合又巩固强化了党的归口领导。这样，合并设立、合署办公、归口管理，成为党政机构职能分工的主要实现方式。至此，中国党政关系经历了改革开放前，重在以党的领导为核心建构政府系统，以保障党对政府的有效领导；到党的十八大前重在改革领导体制和转变政府职能，以实现党的领导与执政的法制化；再到新时代以来，强化党的全面领导制度与细化党政分工，以推进国家治理现代化的探索的不同阶段，找到了既能保证党的全面领导，又能充分发挥政府作用的正确改革方向。党政分工统筹不仅在理论上超越了"政治—行政"二分的樊篱，而且在实践中突破了职能分合的刻板思路，但这一正确方向要落到实处，还需在机构设置、职能调整上深化党和政府的改革，并在此基础上进一步理顺中央与地方的权责关系。

---

① 《中共中央关于深化党和国家机构改革的决定》，《人民日报》2018 年 3 月 5 日。

② 习近平：《高举中国特色社会主义伟大旗帜　为全面建设社会主义现代化国家而团结奋斗——在中国共产党第二十次全国代表大会上的报告》，《人民日报》2022 年 10 月 26 日。

从实践层面看，"党""政"的职能虽各有侧重，但在运行中又多有重合交叉，这与党政的机构设置密切相关。"理想的党政关系应当是明确哪些职能归党委部门承担，哪些职能归政府部门承担，对于党政之间职能相近、联系密切的部门进行合署办公或者合并设立。"① 新一轮党和国家的机构改革，致力于通过政治性集权与行政性分权打破党政壁垒，从实践层面真正解决党政机构叠加和职能重合带来的弊端。一方面通过"党政统筹"，统一党和政府的职能配置、人事配备和机构设置，另一方面通过功能性分权形成决策、执行和监督"三权分工"体制，建立起党总揽全局、协调各方的领导体系。改革将通过分级确权的方式，"赋予省级及以下机构更多自主权"，以实现政治性集权与行政性分权的平衡。党政间实现结构性嵌入与系统性耦合，党的领导着眼于"掌舵"与宏观约束，政府则以"划桨"即具体业务的中微观决策与执行获得"被嵌入的自主性"。为完善政府的生态环保职能，此次机构改革还将原先分散于多个部门的生态环保职责进行了整合，组建了新的两部一局，即自然资源部、生态环境部、国家林业和草原局，为政府履行生态责任提供了组织基础。中央层面的机构改革为地方协调党政关系解决因党政职能划分不清、运作机制不健全而产生的生态履责困境提供了样板。因此地方党政关系的规范，也应从静态结构维度明确界定党政的各自职

———————

① 叶贵仁、黄平：《理顺党政关系：地方治理体系的优化》，《华南理工大学学报》（社会科学版）2018 年第 6 期。

能，从动态运行维度协调好党政的职能运作机制。应该看到，"地方党政关系是由维护国家一统体制逻辑和实现地方有效治理逻辑所决定的。"① 所以，就生态环境治理而言，地方党委作为一地的领导核心，其全面领导体现在把方向、抓大事、出思路、管干部上，做好生态环境治理的监督和保障，约束地方政府生态履责中的慢作为、不作为、乱作为。而地方政府作为党在地方执政的重要载体，则要通过政府决策、政令与具体的管理行动，贯彻、落实党在生态环境治理上的主张与意图。只有理顺地方党政的权责关系与权力运行逻辑，坚持党委领导、政府主导、分工合作的原则，才能以高效的生态环境治理，将地方政府的生态责任落到实处。

三、公众参与的落实

"生态文明是人民群众共同参与共同建设共同享有的事业，要把建设美丽中国转化为全体人民自觉行动。"② 这种"共建共治共享"的生态环境治理理念，以马克思主义历史观和群众观为理论基础，以中国特色社会主义的当代治理实践为时代依据，其核心就在于以公众参与弥补政府生态环境治理能力的不足，破

---

① 叶贵仁、黄平：《理顺党政关系：地方治理体系的优化》，《华南理工大学学报》（社会科学版）2018 年第 6 期。

② 习近平：《推动我国生态文明建设迈上新台阶》，《求是》2019 年第 3 期。

解"一把手"监督和同级监督难题，克服生态履责的"政府失灵"，维护公众的环境权和发展权，推进生态环境治理的民主化与科学化。落实公众参与，坚持实质参与，有序参与，科学参与，提升政府生态履责的效率与效果。

公众参与理论肇始于西方，最初应用于政治学和管理学领域。20 世纪中叶，随着生态环境问题的凸显，被引入到生态环境治理之中。美国 1970 年颁布的《国家环境政策法案》是公众参与生态环境治理的最早尝试。[①] 20 世纪 90 年代，公众参与理论传入我国，后被引入生态环境治理领域。2002 年的《环境影响评价法》首次写入了公民的"环境权益"内容。此后陆续颁布的《环境影响评价公众参与办法》《环境保护公众参与办法》等，对公众参与环境保护的权利作了明确规定。目前学界对公众参与（public participation）概念的理解，从主体指向上包括企业、非政府组织、普通公民的广义和公民独立个体的狭义两种；从参与指向上则强调非政治性、非市场性的"公共性的事务"范围。所以，不同于侧重于政治决策参与的公民参与和侧重于社会组织参与的社会参与，生态环境治理中的公众参与是指公民和社会组织在生态环境治理中的观点表达、监督、评价、协商、环境修复等活动。公众参与的方式根据主体以及参与动机、过程、效果的不同，分为直接参与和间接参与、个体参与和组织参与、

---

① Morgan R. K., *Environmental Impact Assessment*：*The State of the Art*, Impact Assessment and Project Appraisal 30, 2012, (1)：5-14.

象征性参与和实质性参与、动员式参与和权利性参与等类型。公众具体参与方式的选择，一方面是基于公众个体的需求偏好及其所具备的公共问题知识素养，另一方面也基于个体与相关社会组织的联系、组织文化、外部环境的综合作用。就中国公众参与的演进历程而言，已经从动员式公众参与为主发展到了权利性公众参与为主的阶段，即参与已经由公众被动地卷入变为出于维护自身权利的自主自觉选择。新时代环境治理的公众参与"主要有两种方式：一是从实践者身份出发，身体力行地在生活中实践生态环保的生活方式，积极参与各种形式的生态环保活动；二是从监督者身份出发，切实有效地在生态环保方面监督政府和企业履行责任的情况，努力推动生产方式和发展方式的绿色化、生态化"①。

　　进入新时代以来，党中央对生态环境问题越来越重视，公众在践行生态环保的生活方式，监督政府和企业履行生态责任方面，也取得了很大的进展。但从总体上说，公众参与生态环境治理的水平还有待进一步提高，面临着一些发展障碍，一定程度上影响了地方政府生态责任的实践效果。外在的障碍主要是公众参与环境治理的制度保障体系不够健全，平台渠道少且分散，技术手段滞后；内在的障碍主要是公众参与环境治理的积极性不高，缺乏参与意识，主观参与能力不足。制度建设方面，公众参与环

---

　　① 周文翠、于景志：《共建共享治理观下新时代环境治理的公众参与》，《学术交流》2018 年第 11 期。

境治理的制度保障体系还不健全，公众的生态环保知情权、诉讼权、监督权等落实还不到位，导致公众的制度性参与不足。生态环保的信息公开制度不完善，信息更新不够及时，语言过于专业晦涩，缺少专家发布信息和解读信息的公共渠道，公众很难及时、准确地获取环境信息，也就无法以理性的思考去行动。生态环保的意见反馈制度有待进一步规范，难以调动公众参与环境治理的积极性。环境公益诉讼制度不完善，让公众的环境权难以得到真正落实。而法律维权成本过高，又会使公众选择非制度化方法，容易造成环境群体性事件。在平台建设方面，生态环保的相关制度和政策制定的公众参与平台较少，公众参与主要偏重于环境问题的事后监督，事前监督的渠道少，政府与公众沟通、互动的信息平台匮乏，公众参与大多仍局限于环境听证等传统方式，各级各类数字化平台建设水平较低，参与的法治性、组织化、技术性程度不高。而且，在主观层面，公众对生态环境治理的参与意识也还不够强，缺少对环境政策的独立见解，关注的问题多局限于与其利益直接相关的领域。目前，公众生态环保知识和技能的整体水平还比较低，参与行为大多属于简单、浅层的，参与的实效性还不高。

落实生态环境治理的公众参与，可以从营造生态环保氛围，提升公众的参与能力，完善参与的制度保障，拓展公众参与渠道入手，优化公众生态环境治理的参与路径，实现从"形式参与"到"实质参与""科学参与"的转变。应充分发挥新媒体的独有优势，在继续利用传统媒体的同时，努力通过移动终端、网络等开展多层次、精准化、多形式的生态环保宣传，把生态环保理念普及到每位公众。对不同层次的公众，应设置不同的宣传方式，如指导手册、公益广告、纪录片、短视频等，宣传生态伦理及生态行为准则，引导公众自觉节约资源、爱护环境和保护生态。大力挖掘传统文化中生态环保理念，弘扬社会主义生态文明观，引导公众树立科学理性的财富观、消费观和生活观，广泛宣传报道环境治理中的先进典型，提高公众参与环境治理的责任意识，形成有利于环境治理的良好舆论环境。应积极利用微信、抖音、B站等公众平台以及遗址公园、湿地公园、矿山公园等各种宣传阵地，从公众关心的现实生态环境问题切入，增强生态环保宣传的亲民性。应运用现代传媒的舆论监督功能，对破坏生态环境的组织和个人进行曝光批评，警示公众进行自我约束，自觉地修正与生态环保相悖的思想和行为。同时，应紧密结合世界"地球日""环境日"和全国"植树节""爱鸟周"等，广泛地开展群众性生态文明创建活动，引导公众参与绿色志愿服务，自觉购买绿色产品等，在全社会形成生态环保风尚与生态文化氛围。通过教育培训提升公众个体的生态环保素养，是提升其参与环境治理主观能力的重要途径。应发挥学校环境教育的基础性作用，重视系统化的课程教育，优化环境教育的相关课程设置和教学方法。低年龄段学生的环境教育应以隐性教育方式为主，将生态环保内容渗透到其他的课程中去，并辅之以特定日子（如世界环境日、全国低碳日等）的主题教育。这种基础层面的环境教育，重在让公众从小就形成一定的生态环保认知，包括生态忧患意识、环保意识、绿色消费观念等，为公众生态素养的形成创造前提条件。在大学生中则应设置专门的环境课程，要求所有学生都要学习，并将生态环保教育的内容融入思政课中，使显性教育和隐性教育相结合。这种较高层面的环境教育，重在升华公众的生态环保情感，使之形成科学的生态价值观，同时提高公众对环境风险的认知，以及生态环保技能和环境法治观念。还可以通过名家论坛、党校培训、专题讲座、理论研讨会、影视作品、绘画摄影展等多种形式开展大众教育培训，不断丰富和完善公众环境教育的内容和形式。应完善生态环保信息公开制度，规范生态环保信息发布的主体、内容范围、时效范围等，搭建信息公开平台，保障公众的环境知情权。明确规定政府、企业等主体需要发布的环境信息，如政府的重大项目及环境政策、生态环境质量数据、环境违法行为、企业的环境评价结果、生产污染情况、产品的环境后果等，确保环境信息披露的充分、及时、准确。除了利用原有网站、公报、新闻发布会以及报刊、广播、电视等形式公开环境信息外，还应健全环境信息公开的大数据平台，方便公民查询、监督和使用环境信息。应在优化传统信访制度的基础上，建立公众和政府的交流对话机制，不断完善环境听证制度。扩大听证的适用范围，简化听证程序，缩短听证时间，并为参与听证的公众提供一定的资金支持等。建立生态环境治理问卷调查机制，由环保社会组织定期向公众发放问卷，了解公众对生态环保决策、监管、执法等方面的诉求和意见。建立生态环境治理多方会议制度，由政府环保部门定期召开，介绍国家环境治理政策和地方环境治理问题，请公众代表参加会议并献计献策。组建生态环境治理委员会，以社区、乡镇为单位，由政府代表人员与公众共同组成，实现公众的有序参与及合理表达。应健全生态环保意见反馈机制，建立"受理——查处——答复——征求意见——再处理"的工作程序，对公众的生态环保意见、诉求做出及时的反馈，对积极参与环境治理并有特殊贡献的公民，给予一定形式的奖励，调动公众参与环境治理的主观能动性。应完善专家论证和咨询制度，为公众参与提供专业技术支持，提高参与的科学性、有效性。现代社区和社会组织的蓬勃发展，为公众拓展参与环境治理的形式与渠道提供了更多的可能。政府可以通过分类指导、购买服务、评价监督等形式，以及相应的孵化机制、专项资金、信息共享平台等具体措施，在对环保社会组织的管理中扶持其发展，使其成长为连接政府与公众的重要桥梁和纽带，实现生态环境治理的组织化有序参与。通过社区环境治理大会等方式，发展社区环境自治，通过微博、随手拍等信息化手段提高公众的参与度，使公共意志表达畅通有效，拓展公众的环境治理参与渠道。还可以借鉴诸如嘉兴的"市民环保检查团"、舟山的"公众作环保协管员"等地方做法，创新公众参与形式，激发其参与生态环境治理的主动性。①

第二节　地方政府履行生态责任的原则

为了推进人与自然和谐共生的现代化，地方政府在处理好转换行政思维，协调党政关系，落实公众参与这三个履行生态责任的关键问题的同时，要提高生态履责的实效，还应在践行生态责任的过程中坚持三大原则：一是科学认识经济理性与生态理性，兼顾经济发展与生态环保；二是客观分析生态环境问题的跨域性与地区发展的不平衡性，协调地方利益与全局利益；三是辩证看待地方政府组织的单一性与复杂性，平衡个体责任与组织责任。

一、兼顾经济发展与生态环保

传统的经济理性以功利主义为原则，在经济发展中追求效益的最大化。由于忽视了生态资源环境的承载力，成为全球生态风险与环境危机的重要肇因。而与经济理性相对，生态理性则以人与自然的和谐为目标，尊重自然规律的客观性、系统性、价值性，并以良好的生态环境素养为依托，追求社会、经济、生态效

① 周文翠、于景志：《共建共享治理观下新时代环境治理的公众参与》，《学术交流》2018 年第 11 期。

益的统一与共赢。"在科学上，生态理性是人们基于对自然运动的生态阈值（自然界的承载能力、涵容能力和自净能力限度）的科学认识而自觉实现生态效益的过程。在哲学上，生态理性是一种以自然规律为依据和准则、以人与自然的和谐发展为原则和目标的全方位的理性。"[1] 中国特色社会主义进入新时代，地方政府践行生态责任，推进绿色低碳发展，就要秉持生态理性，注重在经济发展中尊重自然规律，重视生态环境的价值，兼顾生态环保和经济发展，推进人与自然和谐的现代化建设。

协调好经济发展与生态环保，是当今世界各国在现代化建设中面临的共同难题。在西方资本主义工业化早期，经济理性主宰的现代化，曾以自然资源的大肆破坏和耗费发展经济，结果造成了严重的环境污染和生态危机，引发了人们对经济发展与生态环保间矛盾的关注与思考，并出现了两种极端的主张。一方面，经济至上主义者一味追求经济增长而完全罔顾生态环境容量；另一方面，生态中心主义者则单纯强调生态环保而全然放弃经济的发展。我国在改革开放之初，为尽快改变贫穷落后面貌，而把工作重心集中到经济增长上。虽然在较短的时间就创造了经济起飞的奇迹，但粗放式的经济发展也造成了能源资源的浪费与环境的污染，甚至威胁到经济发展的持续性。国内外的发展实践均表明，忽视生态环境的前提制约，片面强调经济增长，则经济发展难以

---

[1]　张云飞：《生态理性：生态文明建设的路径选择》，《中国特色社会主义研究》2015 年第 1 期。

持续；而无视经济发展对生态环保的支撑作用，单纯注重生态环保，则会造成社会发展停滞和民生困顿。可见，经济发展与生态环保间的矛盾，并非是零和博弈、非此即彼的决然对立关系。对此，习近平生态文明思想的"两山论"形象地指出："我们既要绿水青山，也要金山银山。宁要绿水青山，不要金山银山，而且绿水青山就是金山银山"①。这就阐明了经济发展与生态环保之间既对立又统一的关系。对立即指二者之间存在着客观的矛盾，忽视自然规律与生态环境承载力的盲目经济增长追求，必然会导致生态环境危机，并遭到自然的报复；统一即指经济发展与生态环保之间相互依存、相互融合，一定条件下能实现彼此收益的转化。不仅是经济的发展要以良好的生态环境为条件，而生态环境的保护又要依靠经济实力的支持；而且自然资源本身还参与价值的形成，生态资源环境的价值还能够转化为经济、社会价值。所以，"保护生态环境就是保护生产力、改善生态环境就是发展生产力"②。只有协同生态环保与经济社会发展，"坚持在发展中保护、在保护中发展"③，才能更好地建设现代化的美丽中国。"两山论"发展了马克思主义生产力理论，把生态资源纳入到生产力要素系统中，摒弃了以往单纯追求经济利益的经济理性，以生态理性推动了传统经济发展方式的变革，实现了生态环保与经济

---

① 习近平：《论坚持人与自然和谐共生》，第40页。
② 习近平：《论坚持人与自然和谐共生》，第31页。
③ 习近平：《论坚持人与自然和谐共生》，第27页。

发展的辩证统一。

在新时代，地方政府践行生态责任，推进绿色低碳循环发展，就要摆脱陈旧的经济增长式思维与行为惯性，"要把生态环境保护放在更加突出位置，像保护眼睛一样保护生态环境，像对待生命一样对待生态环境，在生态环境保护上一定要算大账、算长远账、算整体账、算综合账，不能因小失大、顾此失彼、寅吃卯粮、急功近利"①。在实践中，地方政府必须提高政治站位，兼顾生态资源环境与社会经济发展，坚守生态环境底线，培育生态化生产力，以高品质的生态环境支撑高质量发展，推动人与自然和谐共生。地方政府应深刻把握生态生产力理论，充分发挥生态资源环境的增长活力，结合辖区资源禀赋与区位优势寻找绿色经济增长点，培育、推动生态环境产品走向市场，通过发展绿色养殖、生态旅游等，让生态环境从资源转化为资产、资本，从生态财富转化为经济财富、社会财富，让生态优势源源不断转化为发展优势。"要通过改革创新，让贫困地区的土地、劳动力、资产、自然风光等要素活起来，让资源变资产、资金变股金、农民变股东，让绿水青山变金山银山，带动贫困人口增收。"② 地方政府进行决策时，应综合考虑生态环境、经济、社会的协调，一方面将生态环境容量和资源承载能力设定为经济发展不可逾越的

---

① 《习近平关于全面建成小康社会论述摘编》，中央文献出版社 2016 年版，第 176 页。

② 《习近平关于社会主义生态文明建设论述摘编》，第 30 页。

红线，坚持减污降碳协同增效，将高污染、高耗能产业淘汰或转型；另一方面，积极培育、壮大清洁生产产业、绿色环保产业、高新技术产业、现代服务业，加快构建废弃物循环利用体系，推进资源节约与循环经济的发展，实现生态的产业化和产业的生态化。同时，大力发展休闲旅游、景观农业、养生农业、生态农业，推动乡村生态振兴，建设环境优美、生态宜居的美丽乡村；大力推广绿色建筑、绿色交通等，健全义务教育的配套保障设施与机制，如校车、食堂等，减轻由家庭接送学生以及个人就餐带来的负担与资源消耗，逐步实现按照疾病轻重分类分级就近就医，在解决公众看病难的同时减轻医疗资源的浪费，以完善的社区公共服务打造便捷的一小时生活圈，建设新时代的智慧城市、生态城市。"生态环境问题归根结底是发展方式和生活方式问题"①。

要实现真正的绿色低碳发展，不仅要推动生产方式的生态化，还应引导公众养成节约适度、绿色低碳的生活方式和消费模式。可以通过多种渠道开展绿色生活教育与宣传，培育公众在衣、食、住、行、游等方面的绿色思维与生态生活方式。如 City Walk、光盘行动等绿色出行和杜绝浪费的文明健康的消费习惯，节水节电、垃圾分类等绿色生活方式，摒弃"舌尖上的浪费"、炫耀式消费等不良生活习惯。生活方式与生产方式相互影响、相

---

① 习近平：《论坚持人与自然和谐共生》，第10页。

互制约，作为一方经济社会发展的重要主导力量，地方政府只有秉持生态理性，兼顾生态环保与经济发展，统筹生产方式与生活方式的生态化，一方面通过高水平的生态环保，不断塑造经济发展的新动能、新优势，推动绿色低碳的高质量发展；另一方面，引导公众自觉践行文明健康的绿色生活方式，在全社会形成绿色低碳的环保氛围，才能增强辖区经济社会持续发展的潜力和后劲，推进人与自然和谐共生的现代化，从而落实好政府的生态责任。

二、协调地方利益与全局利益

生态环境治理是功在当代、利在千秋的事业，在价值层面，没有任何地方利益可以凌驾于绿水青山之上已经成为全党、全社会的共识。但在现实层面，很多生态环境问题具有跨区域的特点，生态环保的利益相关方也并不局限于一个地区。这就可能产生某一地方政府耗费人力、物力开展生态环保的成果未能惠及本地，甚至还遭受到其他地方政府怠懈环保责任的生态破坏损害的现象，导致一些地方政府践行生态责任积极性的消退。生态环境问题的系统性、跨域性的特点，地区间发展的不平衡以及政府自身利益的存在，决定了地方政府要有效践行生态责任，就必须协调好地方利益与全局利益的关系，在价值层面坚持地方利益服从全局利益，在实践层面坚持协调中央与地方利益，统筹行业与部门利益。

价值层面上，地方政府应坚持地方利益服从全局利益，着眼大局，服务大局，从政治的高度对待生态环境治理，并把贯彻中央精神和创造性地开展地方生态环保工作结合起来。服从大局是中国共产党的优良作风，是中国特色社会主义事业不断进步的可靠保证。地方政府在生态环境治理上服从大局，自觉在大局下行动，首先要正确认识地方利益和全局利益。应当承认，作为一种客观存在，地方利益既有如前例中的非正当的内容，也有如在法律制度框架内招商引资、争取项目、增加就业等正当的诉求。但更要认识到，在地方利益和全局利益的关系上，全局利益作为人民的根本利益，作为党和国家的整体和长远利益，始终是居于主导地位的，地方利益从属、依赖于全局利益；全局利益决定、支配、制约和协调着地方利益。地方利益虽然能影响全局，但也只具有相对的独立性。如果地方政府囿于成本—收益分析，在生态环境治理中，只追求眼前的地方利益，而不考虑国家的全局利益，不仅会导致局部利益的冲突，而且会造成公共利益的消解。所以，地方政府应从全局利益着眼，将服务全局作为其生态履责的义务，坚持地方利益服从全局利益，围绕人民最关心的生态环境问题，统筹好国家生态文明建设的长远战略目标与地方生态环保的阶段性任务。牢固树立全局意识，讲政治、遵法度，做到有令必行，在关系全局的重大生态环境问题上坚决与党中央保持一致，把本地区的生态环境治理作为实现国家生态文明发展战略的重要环节；坚持执政为民，自觉维护人民的生态利益，把提高人民生态生活水平作为践行生态责任的根本追求；坚持在推动全局利益的实现中发展地方利益，努力结合辖区的实际情况，自觉把地方发展置于全国大局之中，充分发挥地区优势，以创新性的工作落实中央的生态环保决策，在发展全局利益中拓展地方利益。

实践层面上，应通过适当的制度安排，坚持协调中央利益与地方利益，统筹地方部门与行业利益，进而推动地方政府把绿色低碳发展理念化为实际行动。一方面，坚持收益与成本对称的原则，处理好生态环境治理中的中央与地方的各自利益。对具有全流域、全区域、全国影响的生态环境问题，应将过去完全由中央承担治理成本，改变为相关地方也要根据其获得的生态收益承担部分治理成本，并通过中央的财政转移支付等利益分享机制，在生态环境治理中给予地方政府以应得的地方利益，鼓励其提升生态环境治理的效率。这些举措将促进地方利益与中央利益的对称，推动中央生态环境治理部署的落实和地方政府生态环保的共同行动。同时，坚持全国统筹，"保障政府间的利益平衡，不因区域环境质量的改善而损害任何一方的利益"①。通过重点生态功能区生态补偿、地区间横向生态补偿等生态补偿制度的健全，实现地方利益的再分配，以规范的利益转移，打破区域间行政壁垒，促进地方利益分配的公平，推进地方生态环境问题的联防联

---

① 康京涛：《论区域大气污染联防联控的法律机制》，《宁夏社会科学》2016年第2期。

控。另一方面,坚持生态资源环境价值化原则,协调好不同部门的利益关系。通过生态资源产权等制度创新,将生态环境价值附加到生态资源的开发、利用行业中;通过水污染税、固体废物税、二氧化硫税、噪音税等环境税的制度设计,将把环境污染和生态破坏的成本内化到行业、部门的生产成本中。这样,以市场机制平衡不同行业部门间的生态环境成本与收益,推动资源的高效、清洁、节约利用。按照《中华人民共和国环境保护税法》的规定,税务部门和环保部门分别负责环境保护税征收管理与污染物监测管理,税收收入全部纳入地方一般公共预算。这就极大保障和调动了地方履行生态责任的积极性。近年来,随着生态环境治理的数字化转型,生态环境数据资源也成为地方利益的重要组成部分,面临着如何进行合理开发与安全利用的问题。健全生态环境数据标准,建立数据互联互通与共享机制,克服数据保护主义的同时,防范事关全局利益的关键数据泄密风险等等,都是地方政府在践行生态责任的过程中需要努力探索把握的重要问题。

三、平衡个体责任与组织责任

地方政府作为行政组织,其生态责任的履行效果,不仅取决于组织本身,还取决于构成组织的行政人员个体。要有效践行生态责任,地方政府就应辩证看待政府组织的单一性与复杂性,通过健全相关组织制度，规范政府组织的权力，建设先进的组织文化，保护和引导个体伦理自主性，平衡好行政人员的个体责任与政府的组织责任，使二者共同服务于推进人与自然和谐共生现代化的目标。

从理论上看，组织就是在一定的社会环境中，人们通过相互交往而形成的具有共同心理意识、为了实现某一特定目标而按一定的方式联合起来的有机整体，组织的系统构成要素有组织成员、组织目标、组织功能、组织机制、组织文化等，其中组织目标是区分不同类型组织的本质性特征。简要言之，组织就是以一定的方式实现某种功能的群体，组织成员是组织系统中最具有活力的构成要素。由此，组织一方面作为能完成某种社会功能的实体，组织整体具有明确的目标与责任；另一方面作为个体的集合，组织成员的个人素质与行为特点又千差万别，这就让组织具备了单一性与复杂性的双重特质。若仅仅将组织看成单一整体，或是仅仅将组织看成众多成员的集合，都将会因偏重于组织特质的一端，而陷入对组织的曲解。若依此偏颇认识主导行动，则会造成组织中的盲从、不平等、异化等"组织病"。组织的良性运行、功能实现不仅与准确的组织定位、清晰的职能描述密切相关，而且与组织内部的合作机制、激励制度等运作机制以及文化氛围关系紧密。只有组织定位明确，才能为组织的存在发展提供清晰的价值目标；只有职责描述具体，才能为组织行为提供明确的指令，从而利于组织内部的秩序化。

　　中国传统政治文化崇尚等级主义道德和集体意志，加之新中国成立后法治文化培育的后天不足，使得中国地方政府的组织文化倾向于重情理、轻法理，等级主义道德盛行，强调组织的集体意志与行政人员个体对组织的服从。在这种组织文化氛围中，个体的内部道德屈从于组织的外部控制，行政人员机械地服从政府的组织意志，就会造成个体伦理自主性的丧失与个体责任的丢弃。西方社会具有浓厚的个人主义传统，通常强调个人对自己负责，并以突出个体责任来实现集体目标。但美国心理学家米格拉姆1974年发表的《服从权威：一个实验的报告》却证明，个体行为受场景及权力结构的影响，单一的权威控制会使个体进入代理状态，把自己看作是别人意志的执行人，从而将个体自身的责任转移、推诿给他人。这从实验角度说明了官僚制"代理转换"特性的根源。地方政府组织权力结构对行政人员个体的影响，最突出的表现就是行政人员个体作为组织成员，行政人员个体的伦理自主性经常可能被政府的组织决策替代。这就让作为执行角色的普通行政人员产生只应该对领导指示决策负责，而不必为因履行这些决策指示而出现损害公益的后果承担责任的错误认识，并因此而理直气壮地放弃个体责任。同时，地方政府组织自身利益的客观存在，使得地方政府组织的生态环境治理实践存在着目的性价值与工具性价值错位的可能，导致其生态责任不同程度的虚置。而且，如果地方政府的合理利益没有得到中央政府适当的保障，也会导致其以"上有政策、下有对策"的方式谋求组织利益，而淡化生态环保等组织责任。生态文明建设是庞大的系统工程，生态环境治理是涉及多元主体、多类举措、跨地域、长时段的复杂系统。这种复杂性会导致生态环保责任的泛化和模糊，而这恰是"有组织的不负责任"的重要肇因。

由此看地方政府的生态责任问题，单纯强调行政人员的个体责任或是地方政府的组织责任都不利于地方政府生态责任的实现。应客观地看待和协调地方政府组织的生态责任与行政人员个体的生态责任，通过制度建设、领导干部培训及公务员教育等，努力使二者在服务于人与自然和谐共生目标中达到一种平衡的统一。一方面，生态环保能否落到实处，关键在领导干部个体责任的履行水平。可以通过健全地方党政领导干部生态环保责任制与考评制度，坚持权责一致、奖惩分明，落实生态环境治理的责任清单。同时，开展干部培训及公务员教育要突出党的终极奋斗目标和人民的根本利益，明确政府组织利益与公共利益的关系，并通过《公务员法》中的相关法条的讲解，强化伦理自主性的培训，奠定行政人员有效履行个体生态责任的认识基础。另一方面，生态环境治理水平的提升，还有赖于地方政府的组织责任的实现。个体责任的实现是组织责任实现的基础，只有清晰厘定每个行政人员个体的生态责任，才能克服地方政府"有组织的不负责任"，让政府组织的生态责任真正落到实处。可以通过诸如"河湖长制"等，将生态环保责任分配到具体的行政人员；可以通过集体领导制度的完善，"正确处理领导班子集体决策与一把手决定的相互关系，建立健全领导班子集体决策和一把手决定协调一致的体制机制"①。让地方一把手要作为辖区生态环保的第一责任人，担负起生态环境治理的政治责任。"对那些不顾生态环境盲目决策、造成严重后果的人，必须追究其责任，而且应该终身追究"②。

同时，确立和发展行政人员的主体性，建立起责任与权利相统一的机制，保护行政人个体的伦理自主性，培育真正的责任主体，从而保证地方政府生态责任的实现。个体的伦理自主性是指个人在面临多种道德行为选择时，能够不受所在的组织、其他群体的规定或个人意见的影响，而坚持按照自己的善恶是非判断进行选择的意愿与能力。鉴于组织限定对个体伦理自主性的影响，要提升行政人员生态环境治理的个体责任履行水平，就要创新激励机制，建设现代行政文化，强化伦理自主性，让行政人把对上级的忠诚转化为对公民的忠诚。组织文化是组织行为的观念先导，政府组织的先进行政文化可以提高行政人行为的规范性和公益性，有利于政府有效履行生态责任。地方政府组织内部应摒弃等级观念、"刑不上大夫"等陈旧思想，推行平等与民主等现代行政理念；并通过伦理立法完善制度体系，规范地方政府的组织权力，保护和引导行政人行使伦理自主性的权力，使行政人既能

---

① 李景治：《领导干部要进一步增强民主意识》，《理论与改革》2018 年第 2 期。

② 《习近平关于社会主义生态文明建设论述摘编》，第 100 页。

够服从地方政府组织的正当权威，又能够克服对地方政府组织的
盲从或迷信，维护和实现辖区公众的生态权益，达到行政忠诚与
服从的辩证统一，进而促进地方政府规范、有效地履行生态责
任。在这个过程中，行政人员在切实履行自己的角色与个体生态
责任的过程中，也会因为对后代人、对未来社会抱有的高度责任
感，理性而审慎地进行生态环境治理行为选择，避免可以预知的
危害生态环境的行为。这不仅推动了生态文明的进步，而且行政
人员也在其自身生态履责水平的提升中更好地实现自己的个体
价值。

第六章　地方政府生态责任
实现的内外控机制

　　地方政府生态责任包含积极与消极两方面的内涵，积极责任的实现有赖于责任主体对自身所肩负的责任的认识与对自己行为的主动控制，通过责任感表现出来；消极责任的实现则依靠外部评价和与之相应的处置措施，主要包括法律、制度、道德、习俗等规制约束。由此，在中国现实的风险境遇下，破解地方政府的生态履责困境，应在遵循地方政府践行生态责任过程的"责任认知—尝试""责任认同—内化""责任行动—习惯"三阶段发展规律基础上，以法律制度和道德伦理为抓手，统筹考虑地方政府组织与行政人员个体，借鉴国内与国外进行生态环境治理的有益经验，从地方政府内外两个维度探索建构其生态责任实现的控制机制：一是以目标导向机制、教育培训机制、组织保障机制、绩效评价机制为主，构建生态责任实现的内部控制机制，以提升地方政府的履责主动性；二是以监督约束机制、利益引导机制、协作治理机制、文化陶染机制为主，构建生态责任实现的外部控制机制，以强化地方政府的履责外部约束。通过内外控制机制的协同作用，不断提升地方政府履行生态责任的能力与水平。

第一节　完善地方政府生态责任
实现的内控机制

从责任主体的角度看，地方政府生态责任的实现，有赖于地方政府对自身所肩负生态责任的正确认识，以及在此基础上主动创造履责条件，提升自身的履责能力，并以这种内部控制塑造地方政府高度的履责自觉。具体而言，地方政府生态责任实现的内控机制包括：通过建立生态治理的目标与规划体系，让地方政府践行生态责任有方向；通过进行价值观教育与知识技术培训，让地方政府践行生态责任有能力；通过构建合理的组织人员机构，让地方政府践行生态责任有保障；通过建立科学合理的绩效评价，让地方政府践行生态责任有动力，最终以四力协同提升地方政府践行生态责任的主动性。

一、目标导向机制：保证地方政府践行生态责任的方向

目标任务明确是责任践行的前提，地方政府生态责任践行困

境之一，就是责任内容模糊、不明确。所以，内控机制建设的首要方面，就是通过明确的目标导向机制，保证地方政府践行生态责任有明确的奋斗方向。在价值目标上更加强调生态民生，注重以有效的生态责任践行，满足人民美好生态生活需要，保障人民的生态权益，维护生态正义；在任务目标上更加强调系统建构，注重以中长期规划与近期任务结合、总体规划与重点任务统筹，将长远的生态文明建设问题融入到眼前的生态环保困境突破之中。

随着我国社会主要矛盾的转变，公众对优美生态环境的需要日益迫切。过去盼温饱、求生存，现在盼环保、求优美生态，希望有清新的空气、干净的饮水、优美的环境。习近平生态文明思想强调，良好的生态环境是最公平的公共产品，是最普惠的民生福祉。"环境就是民生，青山就是美丽，蓝天也是幸福。"① 这种生态民生观为地方政府实践生态责任指明了努力方向：即坚持以人民为中心的发展立场，秉承生态为民、生态利民、生态惠民的价值取向，维护生态正义，保障民众的生态权益，不仅要满足人民当下日益增长的美好生态环境需求，而且要保证人民未来的长远发展机会与权益。这就要求地方政府"必须顺应人民群众对良好生态环境的期待"②，一方面将提升民众的获得感、幸福感、安全感作为根本标准，不断提升生态履责水平，以优质的生态产品与服务，满足人民日益增长的优美生态环境需要，提高民众生

---

① 《习近平著作选读》第一卷，人民出版社 2023 年版，第 434 页。
② 《习近平关于社会主义生态文明建设论述摘编》，第 25 页。

活质量与幸福指数；另一方面，以生态化生产生活的推进与严格的生态环保，保障后代人的生态权益，努力实现代际正义。

　　优美的生态环境是人民实现美好生活的基本条件，不仅能够以蓝天、绿地、净水等有形生态产品为人们提供舒适宜居的生活环境，而且能够以优美、祥和、宁静的自然生态愉悦人的身心、润泽人的心灵、满足人的精神需要。"绿水青山是人民幸福生活的重要内容"①，地方政府生态履责的效果很大程度上就体现在让人民"呼吸上新鲜的空气、喝上干净的水、吃上放心的食物、生活在宜居的环境中"②。良好生态环境是人民群众的共有财富。地方政府应根据辖域特点，一方面让城市融入大自然，依托现有山水脉络等独特风光塑造城市景观③；一方面"建设好生态宜居的美丽乡村，让广大农民在乡村振兴中有更多获得感、幸福感"④。在打造天蓝、地绿、水清、景美的宜居城乡生活环境的同时，注意保留辖域特有的民族文化与地域文化，使其更好地承载民众的历史记忆与情感寄托，"让居民望得见山、看得见水、记得住乡愁"⑤，"让人民群众在绿水青山中共享自然之美、生命

---

　　① 《习近平著作选读》第一卷，第113页。
　　② 《习近平关于社会主义生态文明建设论述摘编》，第33页。
　　③ 《十八大以来重要文献选编》（上），第603页。
　　④ 《建设好生态宜居的美丽乡村让广大农民有更多获得感幸福感》，《人民日报》2018年4月24日。
　　⑤ 《十八大以来重要文献选编》（上），第603页。

之美、生活之美"①。

"良好的生态环境是人类生存与健康的基础。"② 如果说，地方政府通过生态履责打造宜居的城乡生活环境，是对当代人生态权益的保障，维护代内生态正义的话；那么地方政府考虑资源环境承载力，坚持绿色低碳发展，就是保护后代人的生态权益，维护代际生态正义。作为社会正义的一种表现形式，生态正义是以生态环境为中介的人们之间的权利义务关系，即"包括代内所有人和代际所有人都能平等地享有利用生态资源的权利，同时又能公平地分担保护生态环境的责任和义务"③。代际生态正义强调作为后代人的受托人，当代人有责任为后代人保存可供选择的自然和文化资源的多样性，保证下一代接手的地球质量未受破坏，维护后代人对前代人遗产的接触、使用和受益权。④ 其伦理底线是"后代人的生活水平和环境状态不能低于现代人的生活水平和环境状态"⑤。作为实现社会正义的主导力量，政府尊重和维护每个人的生态权益。由于后代人主体地位的缺失与时间延续的无限，其生态权益的维护必须依靠政府生态责任的有效履

---

① 习近平：《在纪念马克思诞辰 200 周年大会上的讲话》，人民出版社 2018 年版，第 21—22 页。
② 《习近平关于社会主义生态文明建设论述摘编》，第 90 页。
③ 汪信砚：《生态文明建设的价值论审思》，《武汉大学学报》（哲学社会科学版）2020 年第 3 期。
④ 王旭烽主编：《生态文化辞典》，江西人民出版社 2012 年版，第 23—24 页。
⑤ 曹孟勤：《环境正义：在人与自然之间展开》，《烟台大学学报》（哲学社会科学版）2010 年第 3 期。

行。作为一种面向未来的责任，地方政府践行生态责任，不仅体现在保护生态环境体制机制的建立与实施，而且体现在生态化生产、生活风尚的倡导与实践上。

明确了践行生态责任的价值目标，地方政府就要将深厚为民情怀转换为满足人民的优美生态环境需要与高质量发展期待，以远中近结合的生态履责任务目标体系，统筹长远问题的解决与民众的眼前关切，分阶段、有步骤地建设美丽城市、美丽乡村、美丽中国。虽然《中华人民共和国环境保护法》第十六条规定：地方各级人民政府，应当对本辖区的环境质量负责，采取措施改善环境质量。但这种抽象的原则性规定，显然不能让地方政府明确自己的具体生态责任任务。因此，明确地方政府所要担负的生态责任具体任务目标，认同并锚定这个目标不动摇，是地方政府有效践行生态责任的前提。而且，生态责任任务目标体系的建立，也是从制度角度对地方政府生态责任的宣示，这就为之后的监督问责提供了比照的依据。建立地方政府生态责任的任务目标体系，可以从两个层面着手：一个是从远景规划的角度，通过制定中、长期的地区生态环境保护规划，让地方政府明确生态治理的中长期目标；一个是从当前的工作任务角度，通过制定地方政府的生态责任目标清单，让地方政府清楚生态环境治理的近期目标任务。

地方政府生态环境治理的中长期目标，要依据国家总体的生态环境战略制定。当前，我国的生态文明建设处于关键期。在本世纪中叶"建成美丽中国"的远期目标之下，党中央根据生态环境领域的突出矛盾，提出了到 2035 年"广泛形成绿色生产生活方式，碳排放达峰后稳中有降，生态环境根本好转，美丽中国目标基本实现"的中期目标任务，强调要推动"降碳、减污、扩绿、增长"① 的协同共进。在此基础上，部署了"十四五"深入攻坚、重点突破，"十五五"持续巩固、有效衔接，"十六五"全面提升、根本好转的阶段目标要求。2020 年，中央首次明确提出双碳目标，即 2030 年前实现"碳达峰"、2060 年前实现"碳中和"，支持有条件的地区率先达峰。为实现这一目标，中央还制定发布了《2030 年前碳达峰行动方案》，明确把"双碳"任务纳入国家发展中长期规划和生态文明建设整体布局，提出了"碳达峰十大行动"，以解决重点区域、重点行业的环境污染问题。此外，《全国国土空间规划纲要（2021—2035 年)》、2023年首个全国生态日发布的《中国生态保护红线蓝皮书（2023年)》等中期规划目标，也为地方政府生态履责的阶段工作重点确定提供了依据。地方政府应对标中央的总体目标、重点任务与阶段部署，按照时序进度与地区约束性指标制定区域生态环保战略，即包含资源能源、生态环保、城乡发展在内的生态责任总体目标任务体系；并围绕中央的重点部署，确立污染防治攻坚战、蓝天保卫战、碧水保卫战、净土保卫战等重点领域阶段攻坚目

---

① 习近平：《高举中国特色社会主义伟大旗帜 为全面建设社会主义现代化国家而团结奋斗——在中国共产党第二十次全国代表大会上的报告》，《人民日报》2022年 10 月 26 日。

标，以生态环境质量的改善支撑地区高质量发展，努力打造美丽中国先行区。中长期目标结合、总体任务与具体领域指标结合，不仅明确了地方政府的生态履责目标，也提供了其生态履责的步骤，更利于其践行生态责任。如海南省印发的《"十四五"节能减排综合工作方案》，安排部署从生态环保九大具体领域实施节能减排重点工程。其中明确指出到 2024 年，剿灭劣 V 类水体；到 2025 年，城市污水处理率达 98%，城市污泥无害化处置率达到 90%；到 2025 年，农村生活污水治理率达到 90%以上，黑臭水体整治比例在 45%以上等任务目标。这些目标任务安排有力推进了地方政府的生态履责行动。

除了生态环境治理的中长期目标任务，地方政府践行生态责任还要在察民意中回应群众关切，制定近期工作重点，解决好人民群众身边的闹心事，满足其合理合法的生态环境诉求，防止小问题演变成环境群体性事件。生态环境关系人民群众生活质量，"多年快速发展积累的生态环境问题已经十分突出，老百姓意见大、怨言多，生态环境破坏和污染不仅影响经济社会可持续发展，而且对人民群众健康的影响已经成为一个突出的民生问题，必须下大气力解决好"[1]。地方政府应坚持民生优先，下大气力解决百姓身边的生态环境问题，因地制宜、扎实有序地推进噪声污染防治行动、城市黑臭水体整治、流域水生态考核、大气污染

---

① 《习近平关于社会主义生态文明建设论述摘编》，第 14 页。

联防联控、土壤污染源头管控、重点行业超低排放综合治理与重金属污染防治等，坚持保护优先和自然恢复为主，积极开展辖区生态修复，提升城乡饮用水安全，基本消除重污染天气与城市黑臭水体。同时，找准生态环境治理的难点痛点堵点，持续开展农村人居环境整治，深入推进高质量"无废城市"建设，有效防范生态环境风险，让百姓吃得放心、住得安心，还百姓以蓝天白云、繁星闪烁、清水绿岸、鸟语花香、鱼翔浅底的景象。这方面贵州省已经率先作了尝试，《贵州省"十四五"时期"无废城市"建设推进方案》等规划，为生态责任具体目标任务方案制定的探索提供了借鉴。北京市政府持续推进的大气污染治理的"一微克"行动，也扎扎实实地推进了空气质量的明显改善。

知道不等于认同，更不等于行动。所以，制定的地方政府生态责任任务清单，不仅要符合国家在生态环保上的总体发展战略与要求，而且要切合地区的实际发展水平和生态环境现状，这样才更容易让地方政府与行政人员认同，进而践行其生态责任。有了成文的生态治理任务目标后，还要有能让这个目标成行的具体配套措施。这就需要建立生态责任任务目标认定机制。应根据地方政府中的不同层级、不同辖域的部门和机构的特点以及职能分工，对前述生态环境治理的任务目标进行分解，并以《生态治理委托责任书》等形式，进行书面的责任认定，明确责任委托人，让生态责任的任务目标真正落实到具体人、具体部门。同时，任务目标的分解与认定要注意责权利的统一，以增进主体对责任的认同与行动水平。

二、教育培训机制：提升地方政府践行生态责任的能力

责任能力是责任实现的重要条件，直接决定了主体的责任践行所能达到的水平。学习和教育是获得和提升责任能力的主要渠道，具体通过两个方面体现出来：一是提升主体的责任认同感，二是提高主体践行责任的知识与技能水平。因此，建立健全教育培训机制，不仅能够提升地方政府生态履责的责任感，而且能够增长其践行生态责任的知识水平与技术能力，从而让地方政府践行生态责任既"有心"又"有力"。

目标机制虽然从客观上明确了生态履责的努力方向，但地方政府能否践行生态责任以及履责水平的高低关键还在于主体的选择。所谓"在其位、谋其职、尽其责"，说的就是这个意思。从理论上讲，这种选择自由，即是否认同责任目标，决定了主体愿不愿承担某种责任。"为责任所必需的自由在于为正确的理由去做正确事情的能力（或自由）……按照真和善去选择和行动的能力（或自由）"①。由此，要提升地方政府的生态履责水平，首先就要以系统的生态价值观和绿色发展观教育，强化地方政府对

---

① ［美］约翰·马丁·费舍、马克·拉维扎：《责任与控制》，杨韶刚译，华夏出版社 2002 年版，第 48 页。

其生态责任目标的主观认同，增强其生态责任感，提高其践行生态责任的自动自觉性。通过生态价值观教育使行政人员明确生态环境治理意义，认识到履行生态责任的根本目的在于人类整体的发展和幸福；确立马克思主义生态价值观的主导地位，在承认自然对于人类的先在性的同时，肯定人在自然中的主体地位，强调二者的相互影响、相互联系、相互作用的统一体关系；尊重自然的生态价值，承认各种自然物在生态系统中的"生态位"，建立起生态文明时代的有机生态观。生态问题的本质是发展问题，通过开展绿色发展观教育，教育行政人员珍爱自然环境，尊重自然规律，树立"有了绿水青山，就有金山银山"的生态价值理念；充分认识长远利益和眼前利益、生态环境效益和经济效益的关系，"既要金山银山，又要绿水青山"，从生态环境、经济、社会协调发展的战略高度出发进行治理决策；养成环保意识和节约意识，把节约环保上升到生态道义的高度，注重社会的未来发展与当前发展的连续性，确保"代际正义"。

如果说责任感意味着主体愿不愿践行责任，那么，责任能力就决定了主体能不能践行责任。生态环保知识和生态环境治理技能为地方政府履行生态责任提供了能力支持。"知之愈明，则行之愈笃。"从一定意义上说，主体生态责任意识的养成是与生态知识的建构过程同一的，"缺乏知识就自动地意味着缺乏责任感"①。

---

① ［英］约翰·德斯蒙德·贝尔纳：《历史上的科学》，伍况甫译，科学出版社 1959 年版，第 722 页。

信息时代快速的知识更新与技术进步，也要求地方政府生态履责的知识与技术水平必须与时俱进。因此，促进地方政府践行其生态责任，还可以从开展各式教育培训，提升其生态责任认知和生态环境治理能力入手。"生态责任认知能力表现为生态主体对其所应担当的生态责任'是什么'有明确认知、理解和判断，具有最基本的生态知识，能够运用这些知识去引导自己的行动，对行为所产生的后果具有预见能力和控制能力。"① 可以在各级行政学院、党校中，开设生态文明建设的相关课程，内容包括技术生态学、生态资源国情学、碳排放相关知识，生态系统保护与修复技术、废弃物资源化技术、资源替代技术、智能环保技术、太阳能、风能、水能、生物能等可再生能源开发和利用技术，生态监管技术、生态系统评价技术等等，定期对行政人员进行培训。通过加强学习，地方政府的行政人员不仅能坚定绿色低碳循环发展的自觉和自信，而且还能在学习中对照生态责任的目标体系，调整、纠正、摒弃落后的甚至是错误的生态责任认知和生态环境治理方式，增强绿色低碳发展的本领，提高地区的资源利用效率，减少环境污染，提升生态环保的履职尽责水平，实现辖区生态环保与经济社会发展的双赢。

除了各级行政学院、党校之外，还应借助于高校、科研院所的人才与研究优势，建立专门的生态理论、环保技术、生态环境

---

① 周文翠、刘经纬：《生态责任的虚置及其克服》，《学术交流》2016 年第 1 期。

治理理论的研究基地，合作建立相关技术研发平台与实验室，加强学术交流与先进技术和设备研发，引导和支持节能减排、污染防治、循环利用等生态环保技术的科研攻关，为地方政府生态履责提供理论技术支撑。在教育培训的类型上，既要有旨在提升地方政府行政人员生态环保专业技能和治理能力的常态化教育，也要有诸如绿色资产评估与管理方法、智能环境监测技术等专项技能的针对性培训，并以终身学习为重要原则，将学习和培训贯穿于行政人员职业生涯的全过程，确保地方政府生态履责能力的与时俱进。行政人员要从专门的理论培训、岗位的工作实践、日常的社会生活中，随时学习生态环境治理知识与技术，并通过地方政府内部的知识共享平台，持续交流、拓展、更新生态环境治理的理论与实践进展，不断提高生态环境治理与服务水平。同时，通过教育培训项目的公开招标，以主体的竞争提高教育培训的质量，并逐步形成多元化的教育培训体系。

随着 2023 年 10 月国家数据局的成立，生态环境治理的数字化转型加速推进。而行政人员信息化思维与数字化素养的不足，也越来越成为地方政府实现生态环境治理数字化转型的瓶颈。生态环境治理的数字化转型过程中，数据的汇集、存储、使用面临着数据安全、网络安全、算法偏见等风险，要求行政人员拥有较高的信息素养、丰富的人工智能、大数据等新技术知识，避免数据异化和技术崇拜。由此，作为地方政府生态履责的重要方法，以数字政府、智慧政府建设为目标的"整体智治"，也成为行政人员教育培训的重要内容。"整体智治"不仅要求行政人员深化对计算机技术、软件系统等知识的理解,探索生态环境管理与大数据应用技术的结合,而且要求加大数据收集、数据分析、数据安全技术的培训,培养智慧环保的专业人才,提升地方政府的智慧治理服务水平与生态履责能力。作为对传统局部规制方法的超越,"整体智治"的治理方式强调科技的支撑作用,能更好地防范化解生态环境风险,推进生态环境治理现代化。

大数据、云计算、人工智能、区块链等新技术的快速发展,有利于汇聚和强化生态环保力量,提高地方政府生态履责实效,为其完成生态责任的目标任务提供了新的手段方式选择。地方政府具有剩余立法权和能动的法律执行者双重身份,可以作为事前(立法机关制定法律)、事后(司法机关事后裁定)双重法规的制定者,运用如排污费、环境税等政策和制度手段进行政府规制,弥补法律与市场机制的不足,保障公众的生态权益。从马克思主义的社会有机体理论看,有效的生态环境治理一定需要多主体、多要素的时空协同。而传统的地方政府生态治理方式,更多的是干预某一类或某一地生态环境问题的局部规制,以运动式治理为典型。借助于党和政府历史积累的民众信任和强大号召力,这种方法曾在很长一段时间内取得了很好的生态环境治理效果。但是,新时代以来,这种头痛医头、脚痛医脚式的局部规制,日益显出其不适宜和治理弊端。如淮河污染治理、秸秆禁烧就是因为未能选择合适的规制工具协调各方利益关系,没能从根本上堵住污染源，导致环境污染年年规制，年年复生，效果难如人意。这就要求政府治理方式的与时俱进，建立治理方式的整体化、智能化变革目标。

地方政府生态履责"整体智治"的方法，强调从系统论和马克思主义整体方法出发，去整体考虑生态环境问题的生产与应对，统筹生态治理的全要素、全过程，协调政府部门、社会组织、公众个人和市场机构等治理主体，运用数字技术进行"整体智慧治理"①。"大部制"改革、各地的"最多跑一次"改革，以及疫情防控期间采取的"联防联控""群防群治"，就是"整体智治"取向的重要实践。"智治"即"智慧治理"，强调地方政府运用大数据、人工智能、区块链、物联网等新技术，推动治理主体之间的有效协调，实现生态环境治理的精准、高效，防范化解相关风险。如运用基于区块链技术的物联网实现垃圾分类。鉴于科学技术的双刃剑效应，为规避诸如信息共享与公共信息安全风险、公民信息权利与"数字利维坦"的悖论②、"数字鸿沟"与治理的数据割裂等技术风险，地方政府的"智治"应以技术专家、政策专家、社科专家为智库依托，结合地区治理实践，选择科学的"智治"参数与算法，限定"智治"的边界。马克思主义科技观强调科技的"人为"性与"为人"性的统一，

---

① 郁建兴、黄飚：《"整体智治"：公共治理创新与信息技术革命互动融合》，《光明日报》2020年6月12日。

② 唐皇凤：《数字利维坦的内在风险与数据治理》，《探索与争鸣》2018年第5期。

应坚持工具理性和价值理性统一的原则，确保"智治"的为人方向，实现现代科技与生态环境治理的深度融合。治理智能化并不直接等于"美好生活"的实现，没有合理的价值引导，科技异化将导致人与人、人与社会关系的异化。正如舍恩伯格所警告的那样，大数据若使用不当，它可能会异化为损害民众利益的工具①，对此必须保持警惕，避免技术理性的过度张扬而招致新的治理危机。

三、组织保障机制：完善地方政府践行生态责任的载体

地方政府生态责任目标的实现，不仅要靠正确的理念方法、完善的法律制度、充足的物质投入，更要靠合理的组织结构与高素质的人员保障。科学合理的组织职能与结构、高水平的生态环保队伍，有助于组织实现其担负的各方面责任。可以从固定的组织领导机构、完善的指挥系统、协调的执行系统和常设的协调办公室、专门的绿色发展机构入手，健全地方政府生态履责的组织保障机制；可以从选拔"敢于担当作为"，力行习近平生态文明思想的高素质干部，和急需人才的培养、引进入手，打造生态环保铁军，为地方政府生态履责提供坚实的队伍保障。

---

① ［英］维克托·迈尔·舍恩伯格、肯尼思·库克耶：《大数据时代》，盛杨燕、周涛译，浙江人民出版社 2013 年版，第 195 页。

生态环境保护是一项系统工程，涉及的部门多、领域广，如能源产业、生态农业、生态工业、生态林业、生态畜牧业、生态旅游业等，需要多元主体的协调配合、共同推进。促成多元主体之间的联动与合作，就需要建立固定的组织领导机构，如生态环境综合治理局，去协调各方关系，进行宏观决策，并动员更多方的力量参与生态环境治理，形成治理的合力。要发挥好这个组织领导机构的作用，还要完善指挥系统，畅通指挥渠道。可以成立生态环境治理的专门领导小组，组长由地方政府主要领导担任，以此提高该项工作的权威性。同时，再由组长提名选任一位副组长负责日常工作，定期召开会议，部署解决重大的生态环境治理问题，并进行相应的决策。如重点地区、重点领域污染治理决策、发展循环经济、制定生态文明建设规划等。在下属各个层级也应设有相应的领导协调机构，以保证政令畅通、上下联动。在此基础上，还应在地方政府的领导机关内建立常设的生态环境治理执行机构，如生态环境治理协调办公室，以督促各相关职能部门各司其职、各负其责，完成各自的生态环保责任；并加强各部门之间的沟通协调，推进整体生态责任的实现。这个办公室应由主管领导身边的行政人员担任办公室主任，便于沟通情况，减少推诿扯皮。近年来国家层面的政府机构改革也传递了这样的信号，即强调职责清晰、减少职能冲突和交叉。如在 2018 年的机构改革中，应急管理部就把公安部的消防工作、林业局的森林防火、农业部的草原防火、水利部的防汛抗旱等 13 个部门的职能进行了整合，使得其总体的职能配置更加科学，从而最大可能地避免了各个部门都参与、又都不负责任的"九龙治水"状况出现。当然，这方面的制度和改革还远未完善，特别是在地方政府层面，今后还有许多工作需要进一步深化。针对近年日益增大的核安全风险，2023年的全国环境保护大会还提出，要"加强核与辐射安全监管力量，增加一线监管人员编制"，"强化核安全文化建设，成立中国核安全与环境文化促进会"。这些组织机构的建立与日益成熟，将有效落实中央关于确保核安全万无一失的要求，充分发挥协调核与辐射安全工作的作用，提升核与辐射安全的监管水平，推动中国核事业发展的同时，更好地维护国家的核与辐射安全。在进一步理顺和调整地方政府生态履责组织机构的基础上，为了更好地引导区域绿色发展，还可以在地方政府中尝试设立专门的绿色发展组织机构，负责整合辖区的生态环境资源，以数据共享、动态监测等优化绿色治理体系，管理绿色经济社会的发展。

"绿水青山和金山银山决不是对立的，关键在人，关键在思路。"① 而实践也证明，生态环境治理能否取得实效，关键在领导干部。诸如腾格里沙漠遭企业排污污染、青海祁连山自然保护区与木里矿区被破坏性开采等情况的出现，很大程度上就是领导干部管理不到位导致的。所以，生态环境治理的队伍建设"要

---

① 《习近平关于社会主义生态文明建设论述摘编》，第23页。

落实领导干部任期生态文明建设责任制，实行自然资源资产离任审计，认真贯彻依法依规、客观公正、科学认定、权责一致、终身追究的原则"①。实践中，要在明晰生态资源的所有权、使用权、管理权间关系的基础上，落实地方政府领导干部的生态环境治理责任，严格管控某些领导干部利用职权之便、牺牲生态环境换取私利的行为，对工作不力、懒政、违背绿色低碳发展的行为等进行组织约谈，"对那些不顾生态环境盲目决策、造成严重后果的人，必须追究其责任，而且应该终身追究"②。以"真追责、敢追责、严追责、终身追责"，倒逼广大领导干部杜绝损害生态环境的治理行为，自觉推动生态文明建设。应充分发挥党员的先锋模范作用，发挥党的基层组织的战斗堡垒作用。历史经验表明，抓基层、打基础是党的工作不断取得实效的关键。基层组织是党开展各项工作最坚实的支撑力量，党员干部是做好基层工作、解决基层矛盾问题的先锋。应围绕转变党员干部作风，增强基层组织活力，提升生态环境治理水平，加强基层党组织建设，强化广大党员干部的"四个意识"，使其以高度一致的思想自觉、政治自觉和行动自觉，切实落实好中央对于生态文明建设的统一部署。

发挥好基层组织的战斗堡垒作用和党员先锋模范作用的同时，还应以"政治强、本领高、作风硬、敢担当，特别能吃苦、

① 《习近平关于社会主义生态文明建设论述摘编》，第110—111页。
② 《习近平关于社会主义生态文明建设论述摘编》，第100页。

特别能战斗、特别能奉献"的要求为目标，培养恪守政治纪律，力行习近平生态文明思想的高素质干部队伍，打造生态环保铁军，为生态文明建设提供坚实的队伍保障。应围绕环保铁军的建设要求，选拔"敢于担当作为"的好干部。生态环保"好干部"的标准主要体现在三个方面：一是面对上级交办的生态环境治理任务，干部表现出的态度是否积极，能否保质保量地完成；二是在面对生态环保矛盾与治理困境时，干部是否主动担当作为，能否迎难而上；三是在下级遇到生态环境治理困难时，干部是否敢于挺身而出为下级撑腰，能否引导其破解困局。要选拔出这样的生态环保好干部，首先要坚持"好干部"标准，树立"敢于担当"的用人导向，从严选拔任用。其次要建立"敢于担当"的用人机制，建立干部能上能下的机制，真正让不敢担当的干部下得来，让敢于担当的干部上得去。再次，还要营造"敢于担当"的用人环境，把严格管理与关心爱护相结合，在力行干部管理制度的同时，健全"干部关爱提醒"与"八小时外"的监督，严厉问责生态环境治理过程中的用人不当。

选好干部之外，还可从急需人才的培养、引进上着手，进一步推进生态环境治理的队伍建设。生态环境治理的数字化转型，急需精通数据治理、网络检测等新治理技术的专业人才。地方政府应紧扣此类人才需求，通过设置相关的公务员招考岗位，以及岗位招考条件与要求的精准设计，精准引进生态环境治理的急需人才。同时，各种人才推介会、人才博览会、重点高校专场推介会、大型留学人员交流活动等集聚了各种优秀人才，地方政府可以借助上述渠道，有针对性地引进急需人才。此外，还可以依托大数据人才培训基地项目建设、"柔性人才引进"等，拓宽人才引进的方式，吸纳优秀的"数智治理"人才参与到生态环境治理的专项工作中。此外，地方政府还可以与辖区重点高校开展人才培养的合作，一方面以"订单式教育"为载体，开展短期的行政人员"数智治理"技术培训，解决眼下急需治理人才不足的当务之急；另一方面"以就业为导向"，协调专业、课程设置，建立本土化的人才培养储备库，为地方政府有效履行生态责任，推进生态环境治理现代化，提供充分的人才支撑。

四、绩效评价机制：提高地方政府践行生态责任的动力

践行责任的后果评价，反过来会激励或修正责任主体的后续践行意愿。所以，恰当的生态履责指标设置、合理的权重赋值，有助于实现科学的履责绩效评价，能激励地方政府后续更好地践行其生态责任。建立科学合理的地方政府生态履责绩效评价机制，在评价指标上，应坚持生态效益、经济效益、社会效益相结合；在权重设置上，应坚持普适性与差异化相结合、量化与质性相结合；在评价主体上，应坚持行业评估与上级评估相结合，将前述的生态环保建设目标，通过细化、量化转化为绩效评价的指

标。可以结合网络和移动终端等技术平台，运用民意测验、专家分析、检查评比等多种方式，开展地方政府生态履责绩效的考核评价，并将评价结果作为组织奖惩与干部升迁任免的重要依据，激发地方政府及其行政人员履行生态责任的内生动力。

从投入产出的角度来看，地方政府生态履责的绩效评价是地方政府在制定生态环保制度、进行生态行为监管、生态环境治理协作、建设生态文化、培育生态意识、塑造生态环境治理主体的过程中，所投入使用的人、财、物等成本，与所实现生态效益、经济效益、社会效益之间的比较。这种生态履责绩效评价一般包括三种类型，即普适性的政府公共管理绩效评价、专业性的生态环保行业绩效评价、某一生态履责专项（如生态环保制度供给）绩效评价。普适性的政府公共管理绩效评价，一般以地方政府内部的目标责任制以及面向公众的社会服务承诺制为表现形式。由于这种评价通常只存在于地方政府内部各个部门，因此可能会出现评价失真的现象。专业性的生态环保行业绩效评价，一般由地方政府生态环保主管部门设计评价指标，并规定相应的评价周期，通常情况下是一种单向评价。某一生态履责情况的专项绩效评价，则是由地方政府相关部门与外部的相关专业机构合作进行，评价的主要目的是考察地方政府某一生态履责行为的达成度、满意度。所以，这类评价通常采用满意度评价与社会调查等评价方式。地方政府生态履责绩效评价的指标体系设计，一般遵循全面性、科学性、层次性、可操作性原则。这就要求设计的评价指标体系要能全面反映评价对象的全部情况，其内容与计算方法必须科学准确，且具有层层分解的层次结构，每一个指标的计算都有权威、准确的数据来源。[①] 一般来说，地方政府生态履责的绩效评价过程主要分为五步：首先是根据评价目的确定评价主体，然后是确定具体的绩效评价指标体系，再选择合适的绩效评价方法，之后是收集数据实施评价，最后再对评价结果进行检验与分析，并完善评价指标体系。就我国目前的地方政府生态履责绩效评价情况来看，评价主体的确立、评价指标的设计、指标权重的考量是生态履责绩效评价机制建设的重点。

首先，从评价主体角度看，现行的地方政府生态履责绩效考核评价，主要体现为生态环保的目标责任制。从该制度的确立和实施过程看，属于地方政府的自我考核。在这种考核评价中，由于地方政府既是裁判员又是运动员，其生态履责缺乏其他主体的约束，结果必然使考评流于形式化。而且，由政府上级生态环保主管部门实施的专业性行业绩效评价，具有自上而下的单向性特征，无法实现评价结果的有效反馈。这就要求在评价主体中引入中央政府与外部专业机构，构建多元化的生态履责考核评价主体。作为国家治理的最高权力主体，中央政府是站在全局的立场，兼顾各地的利益，制定包括绩效评估等生态文明建设制度的。中央政府作为评价主体参与地方政府生态履责绩效的考核评

---

① 董智：《地方政府生态管理绩效评价及影响因素分析》，南京邮电大学 2020 年硕士学位论文。

价，不仅能对地方政府的生态履责行动进行指导，而且还能纠正其行动偏差，避免地方行动脱离中央的部署。外部专业机构具有领域内的技术优势，能够从地方政府外部对其生态履责绩效进行更为客观的、专业的绩效水平测算与评价，有利于纠正自我考评的形式主义现象，更好地发挥评价的激励作用。

其次，从评价指标设计上看，地方政府生态履责的绩效评价，是包含评价理念、价值取向、评价方式与实施条件等多方面因素的复杂系统。如果在评价指标设计时，忽略了这种复杂性，只注重其中的某个方面，就会造成评价指标的偏颇，也就难以对地方政府的生态履责绩效进行准确客观的评价。要设计科学合理的绩效评价指标，就应坚持普适性与差异化的结合，不仅要把各地普遍适用的资源消耗、环境损害、生态效益、生态安全、生态权益、民生福祉、节能减排等各项生态文明要求纳入到评价指标中，而且要因地制宜地将适合辖区的特殊指标纳入考核体系。普适性指标的设立，应全面反映经济、社会和人的发展情况。不仅注重生态效益、经济效益、社会效益的结合，摒弃片面使用经济指标；而且在具体的经济指标设置上，还要特别注意平衡经济增长与经济发展的指标。为此，可以将反映经济与环境间相互作用的绿色 GDP 作为重要评价指标之一。应完善经济发展评价指标，建立绿色 GDP 的核算体系，为地方政府的生态履责绩效评价提供更科学的量化数据。"绿色 GDP 是指一个国家或地区在考虑了自然资源与环境因素之后经济活动的最终成果，它是将经济活动中所付出的资源耗减成本和环境降级成本从 GDP 中予以扣除得出来的"①。注意设计合理的环保指标权重，包括空气环境质量变化率、饮用水质量变化率、森林覆盖率、环境质量变化率、环保投资增减率、万元 GDP 能耗率、排污强度、群众性环境投诉事件数量等，通过对成本收益的核算，"理性行政人"会自觉地将保护环境作为第一选择。绿色 GDP 评价指标"强调不简单以国内生产总值增长率论英雄，不是不要发展了，而是要扭转只要经济增长不顾其他各项事业发展的思路"②。与此相适应，要明确领导干部的绿色发展责任，完善领导干部绿色政绩考核，把考核结果作为其转岗升迁、评优评先的重要依据，激励广大领导干部投身于绿色发展。差异化指标的设立，主要是基于不同地区的经济社会发展水平不同，在国家整体发展中的生态功能不同的事实。在不同地区实行差异化考核恰恰是评价指标科学合理性的体现。应依据中央颁布的主体功能区规划，在不同生态功能区建立差异化的考核指标，并相应地建立同类项比较的政绩考核指标体系。考核指标体系应体现出在限制开发区保护好生态与在重点开发区发展好经济的同等重要性，从而真正表达主体功能分区的基本理念和根本宗旨。③

---

① 刘福军：《绿色 GDP 理论基础及核算方法探讨》，《中国人口·资源与环境》2005 年第 1 期。
② 《习近平关于社会主义生态文明建设论述摘编》，第 23 页。
③ 沈满洪：《生态文明视角下的政绩考核制度改革》，《今日浙江》2013 年第 11 期。

再次，从评价形式与指标权重安排上看，地方政府生态履责的绩效评价包含定性评价、定量分析以及广泛的群众性鉴定、评议活动等方式。在进行评价机制设计时，不仅应关注评价指标的具体形式，更应该考虑我国党政统筹的具体国情，注重评价动机上促进民生与维护生态正义的价值取向。目前的地方政府生态履责绩效评价，存在评价目的与评价价值取向错位的问题。为此，要在评价指标的权重安排上体现软硬结合。一方面，要明确设置诸如植树造林面积、空气质量指数、黑臭水体治理率等的考核占比，将其作为考评的硬性量化指标，严格以数据进行衡量达标与否；另一方面，也要安排诸如公众的生态满意度、环境治理认可度、生态安全感等占据适度的考评比例，以这些非量化的软指标彰显生态文明建设的性质与成就。这样，以定性与定量、主观与客观的评价结合，达成立体化、多元化的科学考评。另外，还要建立对地方政府生态履责绩效评价本身的责任追究制度，以保障评价的客观公正，真正发挥评价的激励作用。

第二节　健全地方政府生态责任
实现的外控机制

除了责任主体自身的因素外，地方政府生态责任的实现还与外在的社会环境有关。作为一种利益调节机制，社会赏罚是责任实现的重要外部约束，能够倒逼地方政府践行其生态责任。具体的社会赏罚既有物质利益分配上的赏罚、行政化的赏罚以及法律上的惩戒等硬约束形式，也有文化、习俗等构成的软约束形式。据此，地方政府生态责任的外部控制机制包括：通过监督约束机制增加地方政府的外部压力，让其必须践行生态责任；通过利益引导机制增加地方政府的外部引力，让其愿意践行生态责任；通过协作治理机制形成担责的合力，让其他主体参与践行生态责任；通过文化陶染机制形成担责的社会氛围，让地方政府顺畅地履行生态责任，四力协同推动地方政府更好地践行其生态责任。

一、监督约束机制：增强地方政府承担生态责任的执行力

生态环境治理自由裁量权的事实存在，让地方政府外部的责任监督约束成为一种必然选择。作为一种责任机制，地方政府生态履责的外部监督，主要是指地方政府作为生态责任主体，接受来自社会、媒体等外部力量的检查、监督的过程，目的在于确保其生态履责目标与任务的实现。有效的外部监督，一方面可以调动地方政府生态履责的积极性和主动性；另一方面，也能通过监督检查，及时发现地方政府生态履责中的失范行为，并督促其及时修正，提升其生态履责的效率和效果。为了增强外部监督的实效，应采取多种办法，坚持静态与动态结合，整合社会监督、舆

论监督与其他国家机关的监督，形成复合监督的合力；统筹事前监督、事中监督和事后监督，实现全过程监督。

完善的行政监督是政府有效运行的重要保证。按照监督主体的不同性质及其与政府联系的区别，行政监督有权力监督与非权力监督之分、内部监督和外部监督之别。① 就地方政府生态履责的外部监督而言，主要是指来自社会组织、公众和新闻媒体的社会监督和舆论监督，以及来自上级政府、人大、司法机关、政协的监督。我国的行政监督体制目前还存在体系庞杂、独立性和权威性不足等缺陷，导致监督的缺位、滞后与软弱。这也体现在地方政府生态履责的外部监督上，如偏重于事后的追惩性监督，忽视事前的预防性监督与事中的过程性监督；社会监督因缺少权威性而有名无实，公众参与度不高；舆论监督的媒体公信度不足等。由此导致的"漏监""虚监"等，降低了对地方政府生态履责的外部约束力。为此，要在借鉴国外监督技术与有益经验的基础上，完善监督制度，扩大信息公开，提高监督人员素质，建立传媒、公众、第三方等多元主体参加的全方位监督，推行覆盖决策到执行各环节的全过程监督，注重事前监督的预警性、事中监督的跟踪性、事后监督的惩治性，确保监督取得实效，最大程度地避免地方政府的生态履责偏差。

首先，要强化媒体职能，完善舆论监督。"舆论监督主要指

① 曾维涛：《完善我国行政监督体制的几点思考》，《江西财经大学学报》2006年第5期。

报纸、杂志、广播、电视、互联网等各种媒体的监督。"① 作为社会主义民主政治的重要内容，舆论监督是公民实现自身民主权利的重要途径。新闻媒体具有覆盖范围广、信息容量大、即时性高的特点，通过网络、广播、电视、报刊等新闻媒体，及时曝光各种生态治理失范现象等，可以倒逼地方政府更好地践行生态责任。由此，舆论监督成为监督地方政府生态履责的重要形式。由于管制政府的惯性，一些地方政府仍习惯于干扰新闻媒体的监督和报道，使其监督职能难以深入落实。例如，出于地区保护主义和推卸责任的考虑，个别地方政府对辖区的污染事故瞒而不报，甚至阻挠媒体的采访调查。结果不仅使得地方生态环保事业的发展受阻，损害民众的生态环境权益，而且会降低公众对地方政府的信任，甚至引发环境群体性事件。为此，应通过制度建设，制定媒体专门法，保障新闻媒体的监督权。同时，地方政府要适应时代发展，更加主动地与媒体接触。应完善地方政府相关部门新闻中心的职能，依法及时准确地发布地方政府重大生态治理事项的实施进展情况，对生态履责工作的得失主动发声；还应定期接受媒体的问询，保障新闻媒体的生态责任舆论监督权。此外，要发挥舆论监督的"减震器""解压阀"作用，允许媒体设立生态环保的专门板块，支持其专属报道公众关切的生态环境治理相关

---

① 马春晓：《监察委员会监督机制的比较研究》，《河南社会科学》2019 年第 10 期。

新闻。通过这种方式曝光地方政府的重大生态失责行为，为社会表达对地方政府及行政人员生态责任缺失的批评提供适度的出口，缓解生态环境问题带来的社会矛盾的同时，倒逼地方政府自觉接受舆论监督，提升生态环境治理水平，不断改进生态履责行动。

其次，要创新监督机制，落实社会监督。"社会监督主要指社会组织、团体、民主党派和公民、法人、其他组织的监督。"①随着社会的发展和人民生活水平的提高，公众对生态环境质量的要求将越来越高，对地方政府生态履责的监督参与度也越来越高。毛主席说："只有让人民来监督政府，政府才不敢松懈。"这种社会监督构成了地方政府生态履责的重要推动力量。如云南昆明的 PX 项目，在设计建址之初遭到民众反对，并引发全国的关注和讨论。在这种力量推动下，经昆明市政府、中石油和云天化三方商讨，宣布充分尊重民意停建了该项目。政府的"一把手"要带头接受人民群众的监督，将联系方式、办公时间、监督流程等进行公开，方便公众联系与投诉等，以减少和防止生态履责失误。德国政府办公室就设有"绿色电话"，接听公众对生态环境治理的意见、建议，实践效果良好，值得我们借鉴。由于具体渠道的缺乏，公众监督作用目前还远未充分发挥。应以"懂监督、想监督、敢监督、会监督"为目标，通过多种方式增

---

① 马春晓：《监察委员会监督机制的比较研究》，《河南社会科学》2019 年第 10 期。

加公众在生态治理上的话语权，保障和提升公众的监督参与度，充分发挥公众的监督作用。一方面，应扩大地方政府的信息公开程度，提高其生态履责的公开性和透明度，确保公众的生态知情权。可以开设生态环境信息专栏、设立主体网站等，公开环境质量、环境管理程序和企业环境行为等信息，还可以反向设立不宜公开的生态资源信息的"负面清单"，让社会公众了解需要保密的和可以公开的生态环保资讯信息，严厉惩处地方保护主义下的信息隐瞒。另一方面，应采取措施完善、拓展监督渠道，保障公众的生态环境治理参与权，如建立监督举报制度，举办环境污染案例听证会，设立生态环境治理失范投诉中心和举报电话，鼓励公众对生态环境损害事件进行举报，依法查处和纠正生态环保失责、违法行为；完善信访、行政复议、行政诉讼等制度，广开言路，积极接受公众的批评、检举、申报和建议等，依法严肃惩处任何形式的压制和打击报复，保障公众的监督权。此外，具有非营利性、非政府性和志愿性等属性的 NGO、NPO，强调利他主义和互助主义，注重维护公共利益，是消除地方政府的利己主义，监督其有效履行生态责任的重要力量。应通过提供开放的政治空间和宽松的政策环境，培育生态环保类 NGO、NPO 发展壮大，发挥社会组织的特殊的监督作用，督促地方政府践行生态责任。如兴起于湖南的公益组织"河流守望者"，就是在志愿者倾情投入、当地政府积极引导支持下，渐成燎原之势，拓展到全国许多地区，成为监督河流保护的重要力量。

最后，要扩展外部监督的主体，加强上级政府监督、人大监督、司法机关和民主党派监督的力度。责任追究是地方政府践行生态责任的落脚点，应通过加强异体行政问责，扩展深化地方政府生态履责的外部监督。全国生态环境保护工作会议明确要求，人大及其常委会要加强生态文明保护法治建设和法律实施监督，政协要加大生态文明建设民主监督力度。2023 年的党和国家机构改革，在政协界别中增设了环境资源界，将在实践层面强化生态环保的政协监督。地方政府要扛起美丽中国建设的政治责任，研究制定地方党政领导干部生态环保责任制，落实目标责任，完善行政执法责任，建立覆盖全面、权责一致、奖惩分明、环环相扣的责任体系。对领导干部这个"关键少数"和"决定因素"，以领导干部自然资源资产离任审计、重大生态环境损害引咎辞职与一票否决制度、损害生态环境资源终身追责等，倒逼地方政府领导更好地践行生态责任。如因生态责任缺失等引发群体性事件的地方，主要领导实行一票否决。2014 年出台的《关于加强环境监管执法的通知》明确了生态环境损害责任终身追究的四种情况，2015 年实施的《环境保护法》将九种情形纳入追责范围。2019 年实施的《中央生态环境保护督察工作规定》，还从上级监督的角度，督察地方政府根据生态责任清单落实绿色发展责任的情况，以党内法规的形式形成政府纠错机制，强化了督察权威，降低了生态风险与社会风险。2022 年印发的《中央生态环境保护督察整改工作办法》，进一步规范了督察工作。党中央的环保督察"回头看",则通过督促地方政府自我纠错的方式,推进其不断提升生态履责水平。

二、利益引导机制:形成地方政府承担生态责任的引力

责任选择中离不开利益的考量。以适度的利益诱致责任的承担,也是一种促进地方政府践行生态责任的外部机制。由此,在资金保障和生态环境收益方面着力,健全利益引导机制,就成为推进地方政府实现生态责任的重要途径。可以通过设立生态环保专项资金、奖励基金,加大中央财政转移支付,健全生态环境治理的融资机制等,坚持"开源"与"节流"并举,"输血"与"造血"协同,不断强化地方政府生态履责的财政支撑;通过建立完善生态环保的财税制度,提高地方政府生态环境资源价值的收益水平,平衡不同生态功能区的发展利益,增强地方政府践行生态责任的引力,提升其生态履责水平。

财力不足一直是阻碍地方政府全面履行生态责任的一个因素。部分中西部地区经济的空心化,不仅导致经济发展的滞后,而且带来地方政府生态履责财力的孱弱。可以通过建立生态环境治理的财政供给机制,以多种渠道为地方政府提供生态环境治理资金,提高其生态履责的能力和水平。一是建立国家生态环境治理的专项预算,适度调整转移支付,凭借中央财政优势,为地方

的生态环保建设提供持续而充足的资金支持。中央生态环保转移支付，是指通过中央一般公共预算安排的，用于支持生态环境保护方面的资金。2020 年，《生态环境领域中央与地方财政事权和支出责任划分改革方案》实施，规定重点流域以及重点海域、影响较大的重点区域水污染防治等事项，由中央与地方共同承担支出责任。受整体经济不景气的影响，地方政府的债务风险正在加大，财政能力近期明显减弱。而且，由于中央和地方之间在基本公共服务等领域，仍存在财政事权与支出责任的不匹配情况，加剧了地方政府在生态履责上的财政困境。因此，需要进一步剥离现有转移支付中原本应由中央承担的共担性支出责任，充实中央本级支出。同时，进一步调整转移支付规模，做实中央对地方的转移支付。二是设立生态环境治理的专项经费，为专门领域的生态环保项目提供经费支持，如国家现在正大力整治的大气污染、水体污染等。2021 年下发的《中央生态环保转移支付资金项目储备制度管理暂行办法》，采用竞争性分配方法，将各地申报的项目经评审择优纳入中央项目库与储备库的情况，作为资金分配的重要参考，给予中央财政转移支付资金支持。三是建立生态环保的多元融资机制，通过利益共享、荣誉制度等设计，吸引更多的社会资金投入到生态环保领域之中，以"开源"提升地方政府的财政能力。同时，还可以建立生态环境治理奖励基金，对生态环境治理成效显著的地方政府进行奖励，以典型的力量激励、带动更多更好的生态治理。从 2023 年的全国生态环境保护工作会议得知，仅 2022 年，生态环境部就会同财政部安排生态环境资金 621 亿元，比上一年增长 8.6%。建成的生态环保金融支持项目储备库，已引导金融机构授信金额达到 1378.2 亿元。①此外，应更好地强化基层政府的财政汲取能力，处理好财政分权下的激励问题。这是化解财政风险、提升地方政府生态履责水平的关键。针对"营改增"带来的地方政府财政格局的变化，在增加中央政府财政事权的同时，还要合理划分中央与地方以及省以下基层政府财政支出责任。通过制定详细的财政支出责任清单，明晰各级政府的财政支出责任，减少责任范围外的非必要支出，以"节流"保障地方政府的财政基本盘。

生态环境资源收益的不平衡与价值实现的不足，是阻碍地方政府全面履行生态责任的又一重要因素。生态环境资源具有公共性特征，环境治理容易出现一方辛苦投入、多方共享收益的不平衡现象。而且，目前的发展阶段，生态环境资源的价值还远没有对等实现。巨大的成本投入与相对微薄的收益，会大大降低地方政府履行生态责任的积极性。为此，可以通过完善环境资源税制度、生态资源补偿制度、环境损害赔偿制度、自然资源产权制度等，平衡不同地区的生态环境治理成本，协调生态资源环境利益与其他利益，诱导地方政府践行生态责任，推进辖区生产、生活的生态化。环境资源税制度是实现生态环境资源合理参与经济活

---

① 《全面推进美丽中国建设 加快推进人与自然和谐共生的现代化》，《人民日报》2023 年 7 月 19 日。

动，并保持环境状况良好与经济活动可持续的一种有效手段。通过完善合理的税收与补贴，让环境资源成本自动体现在生产上，并进一步通过地方政府、企业对生产发展方向的"理性筛选"，降低经济活动对资源的消耗与环境的污染。环境资源税还可以通过设置区别化的税率、税基等，协调不同功能区的地方政府的利益。发展水平较低中西部地区，企业对环境的污染相对较重。对这些资源能源丰富的生态发展区，一方面以高额的环境资源累进税限制生态破坏型产业的进驻，并以一定的财政补贴引导、鼓励其发展旅游、高新技术产业等；另一方面，还应以特色化的税制设计，避免伤害中西部企业的竞争力。而对那些经济发展区，则可以通过征收相对较低的生态资源税，鼓励地区经济发展。环境资源税制度实施中，应注意与主体功能区制度的兼容互补，以更好地协调区域利益。同时，对于不可再生资源，可以通过生态补偿费降低其开采耗费。对那些取得不可再生资源开采资质的矿山企业征收不可再生资源补偿费，保护资源型地区的经济利益。《不可再生资源补偿费征收管理规定》与《中华人民共和国不可再生资源法》，不仅以有偿开采为原则，对我国已发现并探明储量的矿产及其资源补偿费征收的费率作了明确规定；而且明确费用征收和管理由资源管理部门负责，收益由中央与地方按比分成，增加了地方生态履责的资金。此外，生态环保的财政补偿制度也是协调地区利益的重要经济手段。对于我国众多的国家级和省级的生态保护区来说，地区的资源开发利用受到严格限制，产业的进入限制损失这些地区的部分发展利益。对生态保护区实施的财政补偿制度，可以弥补这些地区的发展利益损失。还有曾为其他地区的发展作出贡献的资源型地区，由于没有足够的经济积累，在资源枯竭后缺乏接续发展的财力。对资源型地区的财政补偿制度，不仅能维护这些地区居民和非资源行业的利益，而且能推动其实现可持续发展。应推进重点生态功能区、重要江河湖库等的保护补偿，落实生态环境损害赔偿制度，完善生态保护修复投入机制，让保护修复者获得合理回报，让破坏者付出相应代价，以明晰的利益赏罚推进地方政府积极履行生态责任。此外，还应通过财税制度创新，深化碳汇交易等，加大对绿色技术研发的财政投入，引导地方政府推进生产、生活的生态化，将生态优势转化为绿色发展动能，提升地区的绿色发展收益。据生态环境部介绍，截至 2023 年 6 月底，我国的碳排放配额累计成交量已达 2.37 亿吨，累计成交额 109.11 亿元。凭借碳汇交易，江西省崇义县仅靠"卖空气"就能入账 1500 万元。这不仅扩大了当地的林地面积，而且为地方政府生态履责提供了新的资金来源。

三、协作治理机制：培塑地方政府践行生态责任的助力

生态环境问题具有公共性、系统性、跨地域性和复杂性的特点，单靠地方政府自身的有限知识与能力，无法全面缓解生态环

境治理的困境。有效的生态环境治理需要各方力量的合作。这就需要按照现代治理理念的要求，构建生态环境治理的多元主体协作机制，以充分发挥社会组织、企业等主体的特有优势，与地方政府相互补充、取长补短，更好地实现风险境遇下的生态环境治理。应发挥地方政府在协作治理中的主导作用，推动公共理性的发展，完善信息沟通、利益整合、协作责任等制度，组建协作治理的专门机构，平衡各方利益关系，增进政府、企业、社会组织、公众间的信任与合作，打造"共商共建共治共享"的生态环境治理格局，增强地方政府的生态履责的助力。

从理论上看，风险社会学家贝克认为全球风险创造了一个共同世界（common world），强化了人类共同命运意识，没有人可以在风险社会中独善其身。风险社会客观上为人们的团结合作、共同行动提供了外在压力。马克思从批判现代性出发，认为有效治理风险，需要重塑个体与社会的共生性关系，重建社会共同体。中国目前面临着结构性、根源性、趋势性的生态环保压力，过去发展累积的生态风险、环境危机多且复杂，更不是地方政府凭一己之力能够应对解决的。从文明的演进历程看，人类社会经历了农业文明时代的"顺天应命"，工业文明时代的"专业分工"，面对巨大的生态风险与环境危机，"生态文明"时代的发展模式转换为"共商共建共治共享"，要求各类主体在"协作中竞争，共享中获利"，实现人类的共同繁荣，人与自然的和谐共生。从生态环境问题自身的特点看，其具有的公共性、系统性、

跨地域性、复杂性，使得生态环境治理必须统筹多类要素，运用
多种手段，进行动态治理。如大气、水体的流动性，就要求污染
的治理必须实现跨地域的主体合作。多元主体的参与不仅能节约
行政成本，提高地方政府生态环境治理的成效；而且还能对企业
等主体构成了有效的监督，防止和减少其破坏生态环境的行为。
由此，健全协作治理机制就成为增强地方政府的生态环境治理能
力，提升其生态履责水平的一个重要路径。

协作治理就是由政府、企业、社会组织等构成一个资源互
补、信息共享的治理组织系统，通过系统内组织间的相互合作，
发挥协同效应，"解决单个组织不能解决或者不易解决的问
题"①，实现公共利益的最大化过程。"'协同学'源于希腊文，
意为'协调合作之学'。"② 协同效应是指在系统中的两个或更多
个要素彼此相互作用与影响，而产生比其各自单独作用更大的总
效果的现象，它强调系统与要素之间、各要素彼此之间存在的同
步、协调、合作、互补关系。协作治理强调多元主体地位的平等
和基于共同目标的参与，但这并不是说组织中不可以有领导者的
存在。在中国的风险语境下，协作治理尤其强调系统中政府组织
的引领者地位，一定意义上，政府的这种角色正是协作治理得以
运行的基础和保障。由于在生态文明建设中的主导角色，地方政

① ［美］罗伯特·阿格拉诺夫、迈克尔·麦圭尔：《协作性公共管理：地方政
府新战略》，第 4 页。
② ［德］赫尔曼·哈肯：《协同学：大自然成功的奥秘》，凌复华译，上海译
文出版社 2001 年版，第 5 页。

府在保障其他主体的知情权、参与权与监督权上负有更多的责任和义务。而只有充分落实生态环境治理中其他主体的知情权、参与权、表达权和监督权，才能激发各类主体的参与热情，促进他们的协同与合作，使其各尽所能、各展所长，汇聚起生态环境治理的整体合力。地方政府应主动转变观念，引领多元主体基于生态风险共担的共识，制定明确的环境治理协作目标，建立起政府引导、企业及其他组织有序参与的生态环境治理格局。在这个过程中，地方政府应秉持开放政府理念，积极与社会组织、企业等协商、合作、互动，并有意识地进行自我限权，让渡部分管理职能给其他治理主体，从而调动各类主体参与治理的积极性，逐步塑造其他主体在生态环境治理中各自不同的管理与服务角色。

协作治理的关键在于各个组织彼此的信任，"信任水平越高，合作的可能性就越大"①。应加强政府诚信建设，贯彻治理理念，推动公共理性的发展，不断完善信息沟通机制，加强信息的交换和分享，增进组织间的信任与合作。合作理念要求政府在生态环境治理过程中，与其他生态建设主体在自愿、平等、信任的基础上建立合作的伙伴关系，给予其充分的知情权、参与权和监督权。各级政府只有摒弃高高在上的传统管制思维，真正把其他主体放到具有生态文明建设话语权的平等位置上，才能在遇到

---

① ［美］罗伯特·D. 帕特南：《使民主运转起来》，第200页。

问题、矛盾与冲突时，通过制度化渠道协商、谈判、交涉、解决问题。为了避免类似于四川什邡事件①的发生，需要培育、提升各类治理主体的公共理性。"所谓公共理性就是指各种政治主体（包括公民、各类社团和政府组织等）以公正的理念，自由而平等的身份，在政治社会这样一个持久存在的合作体系之中，对公共事务进行充分合作，以产生公共的、可以预期的共治效果的能力。"② 其实质是协商主体凭借理性与道德能力，对自身协商行为的一种理性限制。即主体以公共利益为目标，倾听各方不同声音，通过理性审慎的对话沟通，超越个体私利，增进社会理解，达成重叠共识或集体行动，维护社会公正与和谐稳定的意愿和能力。马克思主义认为人有实现公心的潜能，所以可以通过教育培训，促进各类协商主体认清个人或组织私利与公共利益的关系及其协调的价值，使其"超越个体理性和纯粹私利的考虑，学会用公共理性来思维，并以公共理性为依据为自己的主张辩护"③，实现协商的个人或组织"自利偏好"向"公益偏好"的转变。

协作治理还强调协作规则的作用，"如果行动者之间的关系没有清晰的游戏规则，就不存在合作关系"④。因此，应建立生

---

① 陈斯：《四川什邡部分群众担心钼铜项目影响环境引发群体性事件》，http：//news. ifeng. com/gundong/detail_ 2012_ 07/03/15741380_ 0. shtml。

② 舒炜：《公共理性与现代学术》，生活·读书·新知三联书店 2000 年版，第 46 页。

③ 马德普：《协商民主是保证人民当家作主的重要制度设计》，《光明日报》2019 年 12 月 10 日。

④ ［法］皮埃尔·卡蓝默等：《破碎的民主：试论治理的革命》，第 170 页。

态环保协作主体责任制度，规定企业、社会组织、公众各自的行为边界与责任，在责任明确、分工合理的前提下，实现有效的生态环境治理责任分担，保障协作治理取得实效。地方政府的性质和宗旨决定了其应当发挥引导责任，促进辖区多元治理主体协作治理模式的建构，把握生态环保协作的战略方向。地方政府应退出自己不擅长或市场能够自行调节的领域，以共享公共权力、转换职能和购买服务等形式，破除生态环境治理要素的流动障碍，推进企业、社会组织充分发挥各自的特有作用，承担诸如绿色产品研发、企业排污净化、环境影响评价等生态环境治理责任。同时，通过推进群团组织改革，取消对社会组织的双重管理体制，努力消除社会组织发展的制度瓶颈，制定有利于组织自觉性和自主性成长的优惠政策，扶持和引导社会组织的发展，不断提升其与其他主体合作参与生态环境治理的能力。此外，应完善地区生态环境治理协作机制，推动区域合作与共同发展。如京津冀地区就是通过生态环境联建联防联治的协同机制，推进了包括区域大气污染的联防联控、水生态环境的联保联治、区域联动执法、区域绿色低碳等重点领域的协同发展。

协作治理实现的利益基础是合理的利益整合，即地方政府在保障公共利益的基础上，通过有效的利益表达、均衡的利益分配、妥善的利益矛盾协调，平衡各种利益关系，从而汇聚起不同的利益主体，实现生态环境治理的协同配合、共同合作。共同的认知是利益整合的基础和起点，它建立在利益主体之间有效的利益表达，平等的沟通与对话，以及共同愿景的成功构建上。在生态环境治理的不同主体的对话沟通中，各个利益主体将学会彼此尊重和理解，学会控制自己的不合理欲求，增强彼此资源、信息、知识的互补，形成互利、多赢的局面。应创造条件支持各种社会组织的发展，使其成为利益集聚的结点，实现利益的组织化表达，提高利益整合的效率。有效的利益整合，会促进社会组织、公众等其他主体参与到地方生态治理中来，充分发挥其协同治理的优势，提升地方政府践行生态责任的水平。应完善利益整合机制，一方面地方政府应通过信息共享，保障其他生态环境治理主体的知情权，避免因信息不对称而导致的利益失衡。地方政府应更多地信任公众的协商能力，避免"全能政府"逻辑下的"大包大揽"。应在完善信息公开相关制度的基础上，依法进行信息公开，促进各个治理主体间的平等交流，了解彼此的生态环保意愿主张与利益关注点，在彼此的利益交集中找到协商的突破口。另一方面，地方政府可以通过科学配置协商各方的权利与责任，平衡各种利益关系，既维护协商主体的合法权益，又约束其私利的过分扩张；既保障社会的整体利益，又照顾弱势群体的利益；既注重眼前利益矛盾纠纷的化解，又关注公众长远根本利益的维护。云南省的"西畴模式"就是通过"自下而上"的民众参与，推进生态治理进程的典型。在石漠化治理中，由当地村民自发采用凿石为田、移山修路的方式开展基层石漠化治理，引起地方政府关注并得到支持后，发展成民众行动、官方扶持的官民合建的区域生态治理模式，石漠区也变成了树木苍翠、庄稼丰收的脱贫区，产生了良好的生态及社会效果。①

协作治理还需要相应的组织保障和物质保障。在协作的过程中，主体之间在责任和资源上都是共享的关系。在明确各自职责、加强协同合作的基础上，地方政府应引导、建立任务导向型组织，使其拥有跨机构的职权，以便让生态治理任务的完成快速有效实现。地方政府应积极进行信息基础设施建设，保障组织间有效的信息供给、传递和分享。应打破条块分割、部门分割、地区隔离的现状，组建协作治理的专门机构，对协作治理的范围、程序、方式等做出具体规定，建立起协作治理的网络运行机制。

四、文化陶染机制：营造地方政府践行生态责任的氛围

良好的文化氛围是地方政府履行生态责任的重要基础。生态文化作为一种文明观，关注人类的福祉与全球利益；作为一种价值观，坚持尊重、顺应自然和人与自然和谐共生，是化解生态风险，推进绿色发展，建设社会主义生态文明的重要理念基础。地方政府要充分发挥文化的熏陶和教化作用，加强生态文化建设，在全社会形成保护自然环境、维护生态平衡的社会风尚；通过生

---

① 周琼:《云南西畴基层生态民主治理模式初探》,《环境社会学》2022 年第2 期。

态文化和风险文化的宣传教育，提高公众的生态意识和风险意识，营造地方政府生态履责的良好文化氛围。

首先，要以学校为主渠道加强生态文化教育，培养具有较高生态文明素养的现代化建设者。学校是个体知识获得、价值观培塑、行为养成的重要场所，承担着正规生态文化教育的功能。生态文化包括生态科技、生态哲学、生态伦理等诸多内容，要将生态文化纳入社会主义核心价值体系，建立从小学、中学到大学、成人教育的一体化生态文化教育体系，循序渐进地推进生态环保与生态风险知识的普及和提高。传统文化中有丰富的关于生态保护的思想和约定俗成的做法，可以挖掘出来作为生态文化教育的重要思想资源。中华民族拥有五千多年传承不衰的独特的文化体系，一贯倡导以中庸、和谐、包容为核心的有序、平衡、协调的社会发展理念。这些价值观在现实生活中体现为一个"度"，就是有分寸，懂节制，会平衡，是中国人历经千年沉淀出来的生态智慧。还有儒家思想中的"仁者与天地万物为一体"的"天人合一"观，道家思想中的"见素抱朴、知足适情""道法自然"，并最终实现"天人和乐"的理想，佛家思想中的崇尚精神修养和俭朴节约的生活方式，以及"万物有灵""相生相克""取用有节""敬鬼神而远之"等等理念。这些对生态环境的认知，体现了中国古人既尊重自然、又相信人自身力量的辩证法。校园文化是重要的生态环境教育途径，对学生起着巨大的潜移默化的影响。因此，可以通过对校园的环境、生活和管理体系进行绿色设计，向学生传递绿色低碳循环发展的思想。生态文化教育旨在养成学生的生态环保行为，因而要重视通过实践活动强化生态环保习惯。要注重选择地缘属性强的生态环保教育场地，因地制宜地设计实践性强的生态环保活动课程。如给济南的学生设计"大明湖保护"活动，就更容易激起其参与热情和更深的环保价值感受，从而更有效地强化其生态价值观。还可以通过"绿色学校"方式，在学校完成基本教育功能的基础上，将有益于环境保护的管理措施，全面纳入到学校的日常管理工作中，促进师生生态文明素养的全面提高。作为对学校功能的充实和完善，这种"绿色学校"充分利用学校内外的一切资源和机会，让学生对环境保护与治理、生态风险等相关知识进行系统学习，加深其对人与自然辩证统一关系的理解，树立社会主义生态文明观；并通过参与改善校园环境的实践活动，不断提高其生态环保的知识与技能。

其次，组织开展形式多样、内容丰富多彩的公众生态科学知识宣传与科普活动，让生态环保成为全社会的价值共识。应围绕发展生态经济、保护生态环境、建设生态文明的主旨，培养广大公众热爱和保护生态环境的自觉性。要充分利用传统媒介（广播、电视、报纸等）和新媒体（抖音、微信、B站等），借助舆论宣传优势，发挥各类社团组织的推动作用，开展多角度、全方位的敬畏自然、珍惜生命、保护环境、节约资源、友好互助、协同共生的宣传，在全社会宣扬生态环境保护的必要性、重要性、迫切性，营造生态文明建设的舆论氛围，提高公众对生态文化的认同，提高人们维护生态环境、建设生态文化的自觉性，进而增强生态行为的自律。也可以结合不同社会群体的生活、工作实际，突出宣传重点，对青少年、党员干部以及普通市民等制定不同的宣传方案，提高针对性。同时，利用诸如地球日、环境日、世界水日、气象日等各种活动日和纪念日，广泛宣传环境保护和生态科学知识，大力宣传和表彰环境保护和环境教育的先进典型，以榜样的力量带动公众遵循生态环保理念。如2023年，8月15日被设立为全国生态日后，国家相关政府部门就组织了首个全国生态日的主场活动，并设定了"绿水青山就是金山银山"的宣传主题。还可以利用媒体开展形式多样的环境教育活动，如播放黄河流域生态环境警示片等纪录片、环保电影及电视节目，普及生态基本知识及相关法律法规。鼓励广大公众走进自然，欣赏大自然的美丽，培养公众崇尚自然、热爱生态的情感，进而激发其生态环境保护的愿望。"生态文明建设同每个人息息相关，每个人都应该做践行者、推动者。"① 地方政府应对公众的消费行为进行绿色消费的引导，提倡绿色生活方式，鼓励消费绿色产品。如不用或少用一次性纸杯、木筷、纸巾等。通过公众消费结构的变化，倒逼我国产业结构的绿色转型。应"强化公民环境意识，推动形成节约适度、绿色低碳、文明健康的生活方式和消

---

① 《习近平谈治国理政》第二卷，第396页。

费模式，形成全社会共同参与的良好风尚"①。应号召公众从身边小事做起，践行生态化的生活。如节约用水、及时关闭电源，讲究餐桌文明、实行"光盘"行动，积极参与树木、绿地、湿地等认护、认养活动，实施垃圾分类与废旧物品回收再利用，减少生活垃圾，创造生态宜居环境等。应发扬全民义务植树等光荣传统，积极开展群众性生态文明建设活动，通过实践提高公众保护生态环境的自觉，将《公民生态环境行为规范十条》内化于心、外化于行，成为生态环境的忠诚"守护者"。政府也应大力推广无纸化办公，优选绿色出行，优先采购绿色产品。同时，加强对企业的生态文化教育。通过生态文化宣传，如"牢记使命、艰苦创业、绿色发展的塞罕坝精神"宣传，普及环境保护知识，激发企业员工保护和建设生态环境的社会责任感。在企业文化建设中，要鼓励企业突出生态文化内涵，在形象策划、商标设计、产品开发等各个方面贯彻生态理念，促进生态文化品牌的培育。此外，各级政府还可以尝试建设生态文化带。根据不同城市的发展总体规划和文化资源、自然景观的空间结构布局，对生态资源和文化资源比较集中的地区，有重点地进行统一的规划设计，着力提升地区的文化内涵，建设特色生态文化带。

第三，开展风险文化教育，提升公众生态忧患意识，增强其追求生态化生活、保护生态环境的紧迫性与自觉性。风险境遇下

---

① 《习近平谈治国理政》第二卷，第396页。

生态环境治理的有效开展，除了要靠主体丰富的生态环保知识与技能外，还要"依靠高度自觉的风险文化意识——风险社会的自省与反思"。调查表明，一些社会组织和个人逃避环保责任的现象，仍然在很大范围存在。价值理性的缺失和对共同体利益的忽视，是生态风险产生的一个重要原因。所以，在普及生态文化的基础上，还应大力开展风险文化教育，提升公众的生态风险意识、生态忧患意识等。是否具有较强的生态风险意识，既是影响地方政府生态风险应对能力的重要因素之一，也是衡量一个地区整体文明水平的重要指标。应适度借鉴西方风险社会理论，吸收其中的合理因素，构建适合不同类型、不同层次对象的、完善的风险教育体系，开设各种风险教育课程，形成全面的风险教育的格局。在生态风险教育内容上，应让公众了解和掌握各种生态风险的性质、类型、基本应对策略，懂得规避生态风险的方法，做好承受生态风险的心理准备和应对措施。与此同时，应加强马克思主义风险观教育，使公众能够运用辩证思维对生态风险进行理性思考，科学地认识生态风险，全面地看待生态风险，正确地评价我国当前所面对的生态风险，形成敏锐的生态风险意识。可以通过报纸、电视、互联网等建立多元化的风险教育平台，及时传播国际、国内的生态风险的新闻，宣传关于生态风险的法律法规和政策文件，开展各种生态风险讨论活动，让公众认清在加快绿色化、低碳化的高质量发展阶段，虽然我国生态环境质量经过多年努力开始了稳中向好，"但成效并不稳固，稍有松懈就有可能出现反复，犹如逆水行舟，不进则退"①。在这个关键时期，必须全国人民共同努力应对生态风险，抓紧解决生态环境领域里的突出问题，"如果现在不抓紧，将来解决起来难度会更高、代价会更大、后果会更重。我们必须咬紧牙关，爬过这个坡，迈过这道坎"②。还应尝试开展各种生态风险体验活动，使公众增加对生态风险的"直接"感受，增强其参与生态环境治理的责任感。"风险是永恒存在的"③，常态化的生态风险教育机制的形成，不仅能增强包括地方政府在内的全社会的预防和应对生态风险的能力，而且也会提升公众对地方政府的生态环境风险应对行为的理解和信任。在推进人与自然和谐共生的美丽中国建设中，全社会都要行动起来，共担生态环保责任，防范化解生态风险与环境危机，为子孙后代留下天蓝、地绿、水清的美丽家园。

① 《十九大以来重要文献选编》（上），中央文献出版社 2019 年版，第 447—448 页。
② 《十九大以来重要文献选编》（上），第 447—448 页。
③ ［德］乌尔里希·贝克：《从工业社会到风险社会》，《马克思主义与现实》2003 年第 3 期。

主要参考文献

1．《马克思恩格斯选集》第 1 卷，人民出版社 1995 年版。

2．《马克思恩格斯选集》第 4 卷，人民出版社 1995 年版。

3．《习近平谈治国理政》第一、二、三、四卷，外文出版社 2018、2017、2020、2022 年版。

4．《中共中央国务院关于加快推进生态文明建设的意见》，人民出版社 2015 年版。

5．《习近平总书记系列重要讲话读本（2016 年版）》，学习出版社、人民出版社 2016 年版。

6．《习近平关于社会主义生态文明建设论述摘编》，中央文献出版社 2017 年版。

7．习近平：《论坚持人与自然和谐共生》，中央文献出版社 2022 年版。

8．《习近平著作选读》第一、二卷，人民出版社 2023 年版。

9．谢庆奎等：《中国政府体制分析》，中国广播电视出版社

1995 年版。

10．余谋昌：《创造美好的生态环境》，中国社会科学出版社 1997 年版。

11．王成栋：《政府责任论》，中国政法大学出版社 1999 年版。

12．曲格平：《梦想与期待——中国环境保护的过去与未来》，中国环境科学出版社 2000 年版。

13．沈国祯：《责任论：邓小平关于责任的思想和实践》，浙江大学出版社 2001 年版。

14．金太军：《政府职能梳理与重构》，四川大学出版社 2002 年版。

15．乔耀章：《政府理论》，苏州大学出版社 2003 年版。

16．沈荣华：《政府机制》，国家行政学院出版社 2003 年版。

17．薛澜等：《危机管理——转型期中国面临的挑战》，清华大学出版社 2003 年版。

18．钱俊生、余谋昌：《生态哲学》，中共中央党校出版社 2004 年版。

19．孙柏瑛：《当代地方治理——面向 21 世纪的挑战》，中国人民大学出版社 2004 年版。

20．薛晓源、周战超：《全球化与风险社会》，社会科学文献出版社 2005 年版。

21．陈振明：《公共管理学》，中国人民大学出版社 2005 年版。

22．丁煌：《行政学原理》，武汉大学出版社 2007 年版。

23．谢军：《责任论》，上海人民出版社 2007 年版。

24．朱庚申：《环境管理学》，中国环境科学出版社 2007 年版。

25．童星、张海波等：《中国转型期的社会风险及识别：理论探讨与经验研究》，南京大学出版社 2007 年版。

26．姬振海：《生态文明论》，人民出版社 2007 年版。

27．庄友刚：《跨越风险社会》，人民出版社 2008 年版。

28．李惠斌、薛晓源、王治河：《生态文明与马克思主义》，中央编译出版社 2008 年版。

29．张建伟：《政府环境责任论》，中国环境科学出版社 2008 年版。

30．田秀云、白臣：《当代社会责任伦理》，人民出版社 2008 年版。

31．程东峰：《责任伦理导论》，人民出版社 2010 年版。

32．李志平：《地方政府责任伦理研究》，湖南大学出版社 2010 年版。

33．范俊玉：《区域生态治理中的政府与政治》，广东人民出版社 2011 年版。

34．郇庆治、李宏伟、林震：《生态文明建设十讲》，商务印书馆 2014 年版。

35．许继芳：《建设环境友好型社会中的政府环境责任研究》，上海三联书店 2014 年版。

36．潘家华：《中国的环境治理与生态建设》，中国社会科学出版社 2015 年版。

37．景跃进、陈明明、肖滨主编：《当代中国政府与政治》，中国人民大学出版社 2016 年版。

38．余敏江：《生态理性的生产与再生产——中国城市环境治理 40 年》，上海交通大学出版社 2019 年版。

39．［英］洛克：《政府论》（下），叶启芳、瞿菊农译，商务印书馆 1964 年版。

40．［美］英格尔斯：《人的现代化》，殷陆君译，四川人民出版社 1985 年版。

41．［美］李普赛特：《政治人：政治的社会基础》，张绍宗译，商务印书馆 1993 年版。

42．［美］蕾切尔·卡逊：《寂静的春天》，吕瑞兰、李长生译，吉林人民出版社 1997 年版。

43．［美］埃莉诺·奥斯特罗姆：《公共事务的治理之道》，余逊达、陈旭东译，上海三联书店 2000 年版。

44．［美］霍尔姆斯·罗尔斯顿：《哲学走向荒野》，刘耳、叶平译，吉林人民出版社 2000 年版。

45．［英］安东尼·吉登斯：《第三条道路》，郑戈译，北京大学出版社 2000 年版。

46．［英］安东尼·吉登斯：《失控的世界》，周红云译，江西人民出版社 2001 年版。

47．〔美〕库珀：《行政伦理学：实现行政责任的途径》，张秀琴译，中国人民大学出版社 2001 年版。

48．〔美〕盖伊·彼得斯：《政府未来的治理模式》，吴爱明等译，中国人民大学出版社 2001 年版。

49．〔英〕安东尼·吉登斯、克里斯多弗·皮尔森：《现代性——吉登斯访谈录》，尹宏毅译，新华出版社 2001 年版。

50．〔美〕丹哈特：《公共组织理论》，项龙、刘俊生译，华夏出版社 2002 年版。

51．〔美〕罗宾斯：《组织行为学精要》，郑晓明、葛春生译，电子工业出版社 2005 年版。

52．〔美〕登哈特：《新公共服务：服务，而不是掌舵》，丁煌译，中国人民大学出版社 2004 年版。

53．〔德〕乌尔里希·贝克：《世界风险社会》，吴英姿、孙淑敏译，南京大学出版社 2004 年版。

54．〔英〕克里斯托夫·卢茨：《西方环境运动：地方、国家和全球向度》，徐凯译，山东大学出版社 2005 年版。

55．〔英〕戴维·佩伯：《生态社会主义：从深生态学到社会主义》，刘颖译，山东大学出版社 2005 年版。

56．〔美〕丹尼尔·A. 科尔曼：《生态政治——建设一个绿色社会》，梅俊杰译，上海译文出版社 2006 年版。

57．〔美〕约翰·贝拉米·福斯特：《生态危机与资本主义》，耿建新译，上海译文出版社 2006 年版。

58．［美］R. 盖伊·彼得斯：《政府未来的治理模式》，吴爱明、夏宏图译，中国人民大学出版社 2013 年版。

59．［美］奥兰·扬：《直面环境挑战：治理的作用》，邬亮、赵小凡译，经济科学出版社 2014 年版。

60．［德］乌尔里希·贝克：《风险社会：新的现代性之路》，张文杰、何博闻译，译林出版社 2018 年版。

61．张成福：《责任政府论》，《中国人民大学学报》2000 年第 2 期。

62．高小平：《落实科学发展观 加强生态行政管理》，《中国行政管理》2004 年第 5 期。

63．李亚：《论经济发展中政府的生态责任》，《中共中央党校学报》2005 年第 2 期。

64．薛晓源、陈家刚：《从生态启蒙到生态治理——当代西方生态理论对我们的启示》，《马克思主义与现实》2005 年第 4 期。

65．薛晓源、刘国良：《全球风险世界：现在与未来——德国著名社会学家、风险社会理论创始人乌尔里希·贝克教授访谈录》，《马克思主义与现实》2005 年第 1 期。

66．吴绍琪、李刚、毕铁居：《基于科学发展观的政府生态责任的构建》，《生态经济》2006 年第 5 期。

67．张庆、赵泽洪：《论政府生态责任刚性化》，《天水行政学院学报》2006 年第 5 期。

68．何跃、黄沁：《构建责任型政府，建设环境友好型社会——论政府在经济发展中的生态责任》，《重庆行政》2006 年第 5 期。

69．李鸣：《科学发展观背景下的现代政府生态责任》，《落实科学发展观推进行政管理体制改革研讨会暨中国行政管理学会 2006 年年会论文集》，2006 年。

70．黄爱宝：《责任政府构建与政府生态责任》，《理论探讨》2007 年第 6 期。

71．谢菊：《论生态责任》，《北京行政学报》2007 年第 4 期。

72．蔡守秋：《论政府环境责任的缺陷与健全》，《河北法学》2008 年第 3 期。

73．钱水苗、沈玮：《论强化政府环境责任》，《环境污染与防治》2008 年第 3 期。

74．周庆行、吴长冬：《生态责任：政府责任的新思考》，《福州党校学报》2008 年第 2 期。

75．杨雪冬：《近 30 年中国地方政府的改革与变化：治理的视角》，《社会科学》2008 年第 12 期。

76．张成福、谢一帆：《风险社会及其有效治理的战略》，《中国人民大学学报》2009 年第 5 期。

77．谢中起、吕明丰：《生态责任：责任政府的生态之维》，

《科技管理研究》2009 年第 7 期。

78．杨淑萍、李红艳：《论政府权责关系》，《成都行政学院学报》2009 年第 2 期。

79．张劲松：《论生态治理的政治考量》，《政治学研究》2010 年第 5 期。

80．龙献忠、许艺豪：《政府生态责任与臻善》，《求索》2010 年第 2 期。

81．余敏江：《生态治理中的中央与地方府际间协调：一个分析框架》，《经济社会体制比较》2011 年第 2 期。

82．陆畅、赵连章：《论我国政府生态职能的重构》，《科学社会主义》2011 年第 5 期。

83．邓贤明：《责任政府视域下政府生态责任探析》，《前沿》2011 年第 7 期。

84．邢伟等：《论生态文明时代的政府生态责任》，《生产力研究》2011 年第 1 期。

85．金太军：《论长三角区域生态治理政府间的协作》，《阅江学刊》2012 年第 2 期。

86．张晨、周娜娜：《地方服务型政府生态职能构建：转型诉求与体制逻辑》，《学习与探索》2012 年第 4 期。

87．马波：《论生态风险视域下政府生态安全保障责任之确立》，《法治研究》2013 年第 4 期。

88．陈叶兰：《论新农村生态文明建设中的政府责任》，《湖南社会科学》2013 年第 5 期。

89．陶国根：《协同治理：推进生态文明建设的路径选择》，《中国发展观察》2014 年第 2 期。

90．张劲松：《治理生态问题需提升政府能力》，《国家治理》2014 年第 20 期。

91．卢智增：《地方政府生态责任追究机制研究》，《四川行政学院学报》2015 年第 5 期。

92．林建成、安娜：《国家治理体系现代化视域下构建生态治理长效机制探析》，《理论学刊》2015 年第 3 期。

93．胡其图：《生态文明建设中的政府治理问题》，《西南民族大学学报》（人文社会科学版）2015 年第 3 期。

94．金太军：《论区域生态治理的中国挑战与西方经验》，《国外社会科学》2015 年第 5 期。

95．唐林霞：《生态文明建设中的地方政府职能转变：结构调整与制度因应》，《行政论坛》2015 年第 5 期。

96．陈家建、张琼文、胡俞：《项目制与政府间权责关系演变：机制及其影响》，《社会》2015 年第 5 期。

97．郇庆治：《生态文明建设的区域模式》，《贵州省党校学报》2016 年第 4 期。

98．梁芷铭：《政府生态责任：理论源流、基本内容及其实现路径》，《理论导刊》2016 年第 4 期。

99．张乾元、苏俐晖：《绿色发展的价值选择及其实现路径》,《新疆师范大学学报》(哲学社会科学版)2017 年第 2 期。

100．唐瑭:《生态文明视阈下政府环境责任主体的细分与重构》,《江西社会科学》2018 年第 7 期。

101．叶冬娜:《生态问题的政治哲学分析理路》,《天津社会科学》2019 年第 6 期。

102．方世南:《习近平生态文明思想的鲜明政治指向》,《理论探索》2020 年第 1 期。

103．汪信砚:《生态文明建设的价值论审思》,《武汉大学学报》(哲学社会科学版)2020 年第 3 期。

104．庄贵阳、丁斐:《新时代中国生态文明建设目标愿景、行动导向与阶段任务》,《北京工业大学学报》(社会科学版)2020 年第 3 期。

105．许先春:《着力提升防范化解生态环境风险能力》,《环境与可持续发展》2020 年第 6 期。

106．陈国权、皇甫鑫:《功能性分权与中国特色国家治理体系》,《社会学研究》2021 年第 4 期。

107．李萌、娄伟:《中国生态环境管理范式的解构与重构》,《江淮论坛》2021 年第 5 期。

108．王雨辰、王瑾:《习近平生态文明思想与中国式现代化新道路的生态意蕴》,《马克思主义与现实》2022 年第 5 期。

109．倪星、王锐:《条块整合、权责配置与清单化管理模式创新》,《理论探讨》2023 年第 3 期。

110．《全面推进美丽中国建设 加快推进人与自然和谐共生的现代化》，《人民日报》2023 年 7 月 19 日。

111．蒂姆·佛西、谢蕾：《合作型环境治理：一种新模式》，《国家行政学院学报》2004 年第 3 期。

112．〔英〕斯科特·拉什：《风险社会与风险文化》，王武龙编译，《马克思主义与现实》2002 年第 4 期。

113．〔德〕乌尔里希·贝克：《从工业社会到风险社会（下篇）——关于人类生存、社会结构和生态启蒙等问题的思考》，王武龙编译，《马克思主义与现实》2003 年第 3 期。

114．〔德〕乌尔里希·贝克、邓正来、沈国麟：《风险社会与中国——与德国社会学家乌尔里希·贝克的对话》，《社会学研究》2010 年第 5 期。

115．Jessica Nihlen Fahlquist，"Moral Responsibility for Environmental Problems Individual or Institutional？" *Journal of Agricultural and Environmental Ethics*，2009（2）．

116．Ulrich Beck，*Risk Society：Toward a New Modernity*，London：Sage Publications，1992.

117．Albert Weale，*The New Politics of Pollution*，Manchester：Manchester University Press，1992.

118．Norman J. Vig& Michael E. Kraft（eds）．*Environmental Policy*，Washington，D. C.：CQ Press，2000.

后　记

地方政府践行生态责任，推进人与自然和谐共生的现代化，建设美丽中国，任务艰巨、使命光荣。新时代以来，生态文明建设在国家发展中的地位日益受到重视："五位一体"总体布局中有"生态文明"，新时代中国特色社会主义基本方略中有"人与自然的和谐共生"，新发展理念中有"绿色发展"，三大攻坚战中有"污染防治"。习近平总书记多次强调要落实好生态文明建设的政府主体责任，地方党政领导要作为辖区生态环境保护的第一责任人，应对好生态环境风险挑战，保障国家生态环境安全。为此，地方政府要积极履行生态责任，坚持尊重自然、顺应自然、保护自然，坚持生态惠民、生态利民、生态为民，推进绿色低碳循环发展，努力实现经济社会发展与生态环境保护的协调、共赢。地方政府生态责任的有效践行，不仅可以协调人与自然、政府与民众的关系，实现中华民族永续发展；而且能够彰显中国特色社会主义的制度优势，为解决全球环境危机提供中国智慧。

本书着眼于落实生态文明建设的政府主体责任，应对生态环境风险的挑战，针对地方政府如何在推进中国式现代化、建设社会主义现代化国家中做好生态环境治理工作而进行的研究尝试。通过跨学科透视与专题研究，联系党和国家的方针政策，研究了风险社会及政府生态责任的基本理论，厘清了风险与责任的关系，明确了风险对地方政府生态责任的要求；通过不同时空维度的比较，综合考量国内外政府生态责任实践，研究了风险境遇下地方政府生态履责的问题与经验；通过理论分析与专家访谈，着眼于破解地方政府生态履责困境，从地方政府生态责任实践的基本原则与内外控制机制方面，确立了推动地方政府践行生态责任的对策。研究以当前两个大局交织的风险境遇为背景，结合地方特殊性探讨政府的生态责任，在地方政府生态责任的内容结构、实践机理、实践原则、实现机制等方面提出了一些新思路和新观点，希望能为学界相关研究的推进略尽绵薄。

本书的撰写源于笔者主持完成的全国博士后基金项目"风险社会境遇下地方政府履行生态责任的困境及其破解"，是该项目研究内容的进一步深化与拓展。本书的具体写作历时近两年，从提纲的拟定到具体内容的撰写，其间三次调整提纲、几易其稿，终至如今的面貌。虽有笔者的不懈努力，然受时间与水平所限，书中仍有不少问题未能尽述其详，唯望在未来的研究中继续完善。书中也难免错漏之处，诚望领域专家、学界同仁与各位读者批评指正。

后　记

　　本书的出版得到了鲁东大学马克思主义学院领导的关心和支持，得到了人民出版社赵圣涛博士的中肯建议与热情帮助，在此表示由衷的感谢！同时也感谢所有关心、支持我的朋友们！

责任编辑:赵圣涛
封面设计:胡欣欣

图书在版编目(CIP)数据

地方政府生态责任研究/周文翠 著. —北京:人民出版社,2024.5
ISBN 978－7－01－026472－1

Ⅰ.①地…　Ⅱ.①周…　Ⅲ.①地方政府-生态管理-研究-中国
Ⅳ.①X321.2

中国国家版本馆 CIP 数据核字(2024)第 070984 号

地方政府生态责任研究
DIFANG ZHENGFU SHENGTAI ZEREN YANJIU

周文翠　著

人民出版社 出版发行
(100706　北京市东城区隆福寺街 99 号)

中煤(北京)印务有限公司印刷　新华书店经销

2024 年 5 月第 1 版　2024 年 5 月北京第 1 次印刷
开本:710 毫米×1000 毫米 1/16　印张:19
字数:300 千字

ISBN 978－7－01－026472－1　定价:89.00 元

邮购地址 100706　北京市东城区隆福寺街 99 号
人民东方图书销售中心　电话 (010)65250042　65289539